国家重点学科"东北大学科学技术哲学研究中心"

教育部"科技与社会（STS）"哲学社会科学创新基地

辽宁省普通高等学校人文社会科学重点研究基地

东北大学科技与社会（STS）研究中心

东北大学"陈昌曙技术哲学发展基金"

出版资助

中国技术哲学与STS论丛（第三辑）

Chinese Philosophy of Technology and STS Research Series

丛书主编：陈凡　朱春艳

实践语境中的技术认识研究

程海东◎著

中国社会科学出版社

图书在版编目（CIP）数据

实践语境中的技术认识研究／程海东著．—北京：中国社会
科学出版社，2020.6
　（中国技术哲学与 STS 论丛／陈凡，朱春艳主编）
　ISBN 978-7-5203-0358-3

　Ⅰ.①实…　Ⅱ.①程…　Ⅲ.①技术哲学—研究　Ⅳ.①N02

中国版本图书馆 CIP 数据核字（2017）第 099942 号

出　版　人　赵剑英
责任编辑　冯春凤
责任校对　张爱华
责任印制　张雪娇

出　　　版　中国社会科学出版社
社　　　址　北京鼓楼西大街甲 158 号
邮　　　编　100720
网　　　址　http://www.csspw.cn
发　行　部　010 - 84083685
门　市　部　010 - 84029450
经　　　销　新华书店及其他书店

印　　　刷　北京君升印刷有限公司
装　　　订　廊坊市广阳区广增装订厂
版　　　次　2020 年 6 月第 1 版
印　　　次　2020 年 6 月第 1 次印刷

开　　　本　710×1000　1/16
印　　　张　14.5
插　　　页　2
字　　　数　202 千字
定　　　价　88.00 元

总　序

　　哲学是人类的最高智慧，它历经沧桑岁月却依然万古常新，永葆其生命与价值。在当下，哲学更具有无可取代的地位。

　　技术是人利用自然最古老的方式，技术改变了自然的存在状态。当技术这种作用方式引起人与自然关系的嬗变程度，达到人们不能立即做出全面、正确的反应时，对技术的哲学思考就纳入了学术研究的领域。特别是一些新兴的技术新领域，如生态技术、信息技术、人工智能、多媒体、医疗技术、基因工程等出现，技术的本质、技术作用自然的深刻性，都是传统技术所没有揭示的，技术带来的社会问题和伦理冲突，只有通过哲学的思考，才能让人类明白至善、至真、至美的理想如何统一。

　　现代西方技术哲学的历史可以追溯到 100 多年以前的欧洲大陆（主要是德国和法国）。德国人 E. 卡普（Ernst Kapp）的《技术哲学纲要》（1877）和法国人 A. 埃斯比纳斯（Alfred Espinas）的《技术起源》（1897）是现代西方技术哲学生成的标志。国外的技术哲学研究经过 100 多年的发展，如今正在由单一性向多元性方法论逐渐转变；正在寻求与传统哲学的结合，重新建构技术哲学动力的根基；正在进行工程主义与人文主义的整合，将工程传统中的专业性与技术的文化形式或文化惯例的考察相结合；正在着重于技术伦理、技术价值的研究，出现了一种应用于实践的倾向——即技术哲学的经验转向。

　　与技术哲学相关的另一个较为实证的研究领域就是科学技术与

社会（Science Technology and Society）。随着技术科学化之后，技术给人类社会带来了根本性变化，以信息技术和生命科学等为先导的 20 世纪科技革命的迅猛发展，深刻地改变了人类的生产方式、管理方式、生活方式和思维方式。科学技术对社会的积极作用迅速显现。与此同时，科学技术对社会的负面影响也空前突出。鉴于科学对社会的影响价值也需要正确地加以评估，社会对科学技术的影响也成为认识科学技术的重要方面，促使 STS 这门研究科学、技术与社会相互关系的规律及其应用，并涉及多学科、多领域的综合性新兴学科逐渐蓬勃发展起来。

2

早在 20 世纪 60 年代，美国就兴起了以科学技术与社会（STS）之间的关系为对象的交叉学科研究运动。这一运动包括各种各样的研究方案和研究计划。20 世纪 80 年代末，在其他国家，特别是加拿大、英国、荷兰、德国和日本，这项研究运动也都以各种形式积极地开展着，获得了广泛的社会认可。90 年代以后，它又获得了蓬勃发展。目前 STS 研究的全球化，出现了多元化与整合化并存的特征。欧洲学者强调 STS 理论研究和欧洲特色（爱丁堡学派的技术的社会形成理论，欧洲科学技术研究协会）；美国 STS 的理论导向（学科派，高教会派）和实践导向（交叉学科派，低教会派）各自发展，侧重点不断变化；日本强调吸收世界各国的 STS 成果以及 STS 研究浓厚的技术色彩（日本 STS 网络，日本 STS 学会）；STS 研究的全球化和多元化，必然伴随着对 STS 的系统整合，在关注对科学技术与生态环境和人类可持续发展的关系的研究；关注技术，特别是高技术与经济社会的关系；关注对科学技术与人文（如价值观念、伦理道德、审美情感、心理活动、语言符号等）之间关系的研究都与技术哲学的研究热点不谋而合。

中国的技术哲学和 STS 研究虽然起步都较晚，但随着中国科学技术的快速发展，在经济上迅速崛起，学术氛围的宽容，不仅大量的实践问题涌现，促进了技术哲学和 STS 研究，也由于国力的增强，技术哲学和 STS 研究也得到了国家和社会各界的越来越多的支持。

东北大学科学技术哲学研究中心的前身是技术与社会研究所。早在 20 世纪 80 年代初，在陈昌曙教授和远德玉教授的倡导下，东北大学就将技术哲学和 STS 研究作为重要的研究方向。经过二十多年的积累，形成了东北学派的研究特色。2004 年成为教育部"985 工程"科技与社会（STS）哲学社会科学创新基地，2007 年被批准为国家重点学科。东北大学的技术哲学和 STS 研究主要是以理论研究的突破创新体现水平，以应用研究的扎实有效体现特色。

《中国技术哲学与 STS 研究论丛》（以下简称《论丛》）是东北大学科学技术哲学研究中心和"科技与社会（STS）"哲学社会科学创新基地以及国内一些专家学者的最新研究专著的汇集，涉及科技哲学和 STS 等多学科领域，其宗旨和目的在于探求科学技术与社会之间的相互影响和相互作用的机制和规律，进一步繁荣中国的哲学社会科学。《论丛》由国内和校内资深的教授、学者共同参与，奉献长期研究所得，计划每期出版五本，以书会友，分享思想。

《论丛》的出版必将促进我国技术哲学和 STS 学术研究的繁荣。出版技术哲学和 STS 研究论丛，就是要汇聚国内外的有关思想理论观点，造成百花齐放、百家争鸣的学术氛围，扩大社会影响，提高国内的技术哲学和 STS 研究水平。总之，《论丛》将有力地促进中国技术哲学与 STS 研究的进一步深入发展。

《论丛》的出版必将为国内外技术哲学和 STS 学者提供一个交流平台。《论丛》在国内广泛地征集技术哲学和 STS 研究的最新成果，为感兴趣的国内外各界人士提供一个广泛的论坛平台，加强相互间的交流与合作，共同推进技术哲学和 STS 的理论研究与实践。

《论丛》的出版还必将对我国科教兴国战略、可持续发展战略和创新型国家建设战略的实施起着强有力的推动作用。能否正确地认识和处理科学、技术与社会及其之间的关系，是科教兴国战略、可持续发展战略和创新型国家建设战略能否顺利实施的关键所在。

技术哲学和 STS 研究涉及科学、技术与公共政策，环境、生态、能源、人口等全球问题和 STS 教育等各方面问题的哲学思考与实践反思。《论丛》的出版，使学术成果能迅速扩散，必然会推动科教兴国战略、可持续发展战略和创新型国家建设战略的实施。

中国是历史悠久的文明古国，无论是人类科技发展史还是哲学史，都有中国人写上的浓重一笔。现在有人称，"如果目前中国还不能输出她的价值观，中国还不是一个大国。"学术研究，特别是哲学研究，是形成价值观的重要部分，愿当代的中国学术才俊能在此起步，通过点点滴滴的扎实努力，为中国能在世界思想史上再书写辉煌篇章而作出贡献。

最后，感谢《论丛》作者的辛勤工作和编委会的积极支持，感谢中国社会科学出版社为《论丛》的出版所作的努力和奉献。

陈　凡　罗玲玲
2008 年 5 月于沈阳南湖

General Preface

Philosophy is the greatest wisdom of human beings, which always keeps its spirit young and keeps green forever although it has experienced great changes that time has brought to it. At present, philosophy is still taking the indispensable position.

Technology represents the oldest way of humans making use of the nature and has changed the existing status of the nature. When the functioning method of technology has induced transmutation of the relationship between humans and the nature to the extent that humans can not make overall and correct response, philosophical reflection on technology will then fall into academic research field. Like the appearance of new technological fields, especially that of ecotechnology, information technology, artificial intelligence, multimedia, medical technology and genetic engineering and so on, the nature of technology and the profoundness of technology acting on the nature are what have not been revealed by traditional technology. The social problems and ethical conflicts that technology has brought about have not been able to make human beings understand how the ideals of becoming the true, the good and the beautiful are united without depending on philosophical pondering.

Modern western technological philosophy history can date back to over 100 years ago European continent (mainly Germany and France). German Ernst Kapp's Essentials of Technological Philosophy (1877) and French Alfred Espinas' The Origin of Technology (1897) represent the emergence of modern western technological philosophy. After one hundred year's development, overseas research on technological philosophy is now transforming from uni – methodology to multi – methodology; is now seeking for merger with traditional philosophy to reconstruct the foundation of technological philosophy impetus; is now conducting the integration of engineering into humanity to join traditional specialty of engineering with cultural forms or routines of technology; is now focusing on research on technological ethnics and technological values, resulting in an application trend——that is, empiric – direction change of technological philosophy.

Another authentic proof – based research field that is relevant to technological philosophy is science technology and society. With technology becoming scientific, it has brought about fundamental changes to human society, and the rapid development of science technology in the 20th century has deeply changed the modes of production, measures of administration, lifestyles and thinking patterns, with information technology and life technology and so on in the lead. The positive impacts of science technology on the society reveal themselves rapidly. Meanwhile, the negative impacts of it are unprecedented pushy. As the effects of science on the society need evaluating in the correct way, and the effects of the society on science technology has also become an important aspect in understanding science technology, the research science of STS, the laws and application of the relationship between technology and the society, some newly developed disciplines concerning multi – disciplines and multi – fields are flourishing.

As early as 1960s, a cross – disciplinary research campaign targeting at the relationship between science technology and the society (STS) was launched in the United States. This campaign involved a variety of research schemes and research plans. In the late 1980s, in other countries especially such as Canada, the UK, the Netherlands, Germany and Japan, this research campaign was actively on in one form or another, and approved across the society. After 1990s, it further flourished. At present, the globalization of STS research has becoming typical of the co – existence of multiplicity and integration. The European scholars stress theoretical STS research with European characteristics (i. e. Edingburg version of thought, namely technology – being – formed – by – the – society theory, Science Technology Research Association of Europe); STS research guidelines of the United States (version of disciplines and version of Higher Education Association) and practice guidelines (cross – discipline version and version of Lower Education Association.) have developed respectively and their focuses are continuously variable. Japan focuses on taking in STS achievements of countries world – wide as well as clear technological characteristic of STS research (Japanese STS network and Japanese STS Association); the globalization and the multiplicity of STS research are bound to be accompanied by the integration of STS system and by the concern of research on the relationship between science technology, ecological environment and human sustainable development; attention is paid to the relationship between the highly – developed technology and the economic society; the concern of research on the relationship between science technology and humanity (such as the values, ethnic virtues, aesthetic feelings, psychological behaviors and language signs, etc.) happens to coincide with the research focus of technological philosophy.

Chinese technological philosophy research and STS research have risen rapidly to economic prominence with the fast development of Chinese science technology; the tolerance of academic atmosphere has prompted the high emergence of practical issues and meanwhile the development of technological philosophy research and STS research; more and more support of technological philosophy research and STS research is coming from the nation as well as all walks of life in the society with the national power strengthened.

The predecessor of Science Technological Philosophy Study Center of Northeastern University is Technological and Social Study Institute of the university. Northeastern University taking technological philosophy research and STS research as an important research direction dates back to the advocacy of Professor Chen Chang – shu and Professor Yuan De – yu in 1980s. The research characteristics of Northeastern version has been formed after over 20 years' research work. The center has become an innovation base for social science in STS Field of "985 Engineering" sponsored by the Ministry of Education in 2004 and approved as a key discipline of our country in 2007. Technological philosophy research and STS research of Northeastern University show their high levels mainly through the breakthrough in theoretical research and show their specialty chiefly through the down – to – earth work and high efficiency in application.

Chinese Technological Philosophy Research and STS Research Series (abbreviated to the Series) collects recent research works by some experts across the country as well as from our innovation base and the Research Center concerning multi – disciplines in science technology and STS fields, on purpose to explore the mechanism and laws of the inter – influence and inter – action of science technology on the society, to further flourish Chinese philosophical social science. The Series is the co – work of some expert professors and scholars domestic and abroad whose long – termed devotion promotes the completeness of the manuscript. It has been planned that five volumes are published for each edition, in order to make friends and share ideas with the readers.

The publication of the Series is certain to flourish researches on technological philosophy and STS in our country. It is just to collect relevant theoretical opinions at home and abroad, to develop an academic atmosphere to? let a hundred flowers bloom and new things emerge from the old, to expand its influence in the society, and to increase technological philosophy research and STS levels. In all, the collections will strongly push Chinese technological philosophy research and STS research to develop further.

The publication of the Series is certain to provide technological philosophy and STS researchers at home and abroad with a communicating platform. It widely collects the recent domestic and foreign achievements of technological philosophy research and STS research, serving as a wide forum platform for the people in all walks of life nationwide and worldwide who are interested in the topics, strengthening mutual exchanges and cooperation, pushing forward the theoretical research on technological philosophy and STS together with their application.

The publication of the Series is certain to play a strong pushing role in implementing science – and – education – rejuvenating – China strategies, sustainable – development strategies and building – innovative – country strategies. Whether the relationships between Science, technology and the society can be correctly understood and dealt with is the key as to whether those strategies can be smoothly carried out. Technological philosophy and STS concern philosophical considerations and practical reflections of various issues such as science, technology and public policies, some global issues such as environment, ecology, energy and population, and STS education. The publication of the Series can spread academic accomplishments very quickly so as to push forward the implementation of the strategies mentioned above.

China is an ancient country with a long history, and Chinese people have written a heavy stroke on both human science technology development history and on philosophy history. "If China hasn' t put out its values so far, it cannot be referred to as a huge power", somebody comments now. Academic research, in particular philosophical research, is an important part of something that forms values. It is hoped that Chinese academic genius starts off with this to contribute to another brilliant page in the world' s ideology history.

Finally, our heart – felt thanks are given to authors of the Series for their handwork, to the editing committee for their active support, and to

Chinese Social Science Publishing House for their efforts and devotion to the publication of the Series.

Chen Fan and Luo Ling – ling

on the South Lake of Shenyang City in May, 2008

目　录

第1章　绪论 / 1

1.1　选题意义 / 1

1.1.1　问题的提出 / 1

1.1.2　研究意义 / 3

1.2　文献综述 / 5

1.2.1　技术哲学的"经验转向" / 5

1.2.2　认识论的理论背景 / 7

1.2.3　当代技术认识论的研究成果 / 20

1.3　研究思路与方法 / 37

1.4　研究的创新点 / 39

第2章　何为技术认识 / 41

2.1　何为技术 / 41

2.1.1　技术指涉对象的丰富性 / 41

2.1.2　技术的主要存在形态 / 44

2.1.3　技术的含义 / 49

2.2　探究技术认识的两种传统 / 53

2.2.1　人文传统 / 53

2.2.2　工程传统 / 56

2.2.3 人文传统、工程传统从分立走向融合 / 59

2.3 技术认识的本质 / 63

2.3.1 技术与技术认识 / 63

2.3.2 技术认识的实践特质 / 65

2.3.3 技术认识的双重含义 / 71

第3章 技术认识的过程解析 / 76

3.1 技术问题：技术认识的起点和主线 / 76

3.1.1 技术问题与科学理论和经验 / 77

3.1.2 技术问题的形成 / 81

3.1.3 技术问题的实质和类型 / 85

3.2 技术设计：技术认识的形象化 / 90

3.2.1 技术设计：技术认识的核心环节 / 90

3.2.2 技术设计方式的多重类型 / 95

3.2.3 技术设计的三个阶段 / 100

3.3 技术使用：技术认识的背景化 / 102

3.3.1 使用：技术的现实存在方式 / 102

3.3.2 技术使用：人类的存在方式 / 105

3.3.3 技术使用的类型 / 108

第4章 技术知识的本质与结构 / 113

4.1 "技术知识"是什么 / 113

4.1.1 技术知识与科学知识 / 113

4.1.2 反思技术知识的多重视角 / 117

4.1.3 技术知识的本质 / 120

4.2 技术知识的结构 / 126

4.2.1　技术人工物的多重属性 / **126**

4.2.2　技术知识的基本结构 / **129**

4.3　技术知识类型的案例分析——硅的局部氧化技术 / **134**

4.3.1　硅的局部氧化技术的背景 / **134**

4.3.2　硅的局部氧化过程中的技术知识类型 / **137**

第5章　技术认识的情境性解读 / 141

5.1　技术认识与情境 / **141**

5.1.1　"情境"释义 / **141**

5.1.2　技术认识情境的多重因素 / **145**

5.1.3　技术认识情境的意义 / **150**

5.2　技术认识情境的多重研究视角 / **154**

5.2.1　分析哲学的视角 / **154**

5.2.2　现象学的视角 / **156**

5.2.3　语言学的视角 / **159**

5.3　技术认识情境的实质 / **163**

5.3.1　技术认识情境的再分析 / **164**

5.3.2　情境与技术—社会系统 / **168**

第6章　结语：走进技术认识论 / 171

6.1　当前技术认识论研究的问题 / **172**

6.1.1　技术认识论两种传统的分立 / **172**

6.1.2　国内技术认识论研究的旨趣与问题 / **175**

6.2　技术认识的理论内涵 / **177**

6.2.1　技术认识的本质 / **177**

6.2.2　技术认识的动态阶段 / **179**

6.2.3 技术知识的本质与结构 / 181

6.2.4 技术认识的情境性 / 182

6.3 技术认识论研究的意义 / 183

6.3.1 弥合人文传统与工程传统的分立 / 183

6.3.2 拓展认识论的视域 / 185

参考文献 / 187

致 谢 / 215

第1章 绪 论

1.1 选题意义

1.1.1 问题的提出

虽然技术与人类有着同样久远的历史,但在漫长的传统社会,人们对技术是"视而不见",并没有形成对技术的反思;直到技术的进步引发了一次又一次的技术革命之后,人们突然发现自己早已生活在一个"技术茧"之中。工程的技术哲学家们面对着技术的"凯歌高奏",希望扩大技术或技术思维的应用范围,使之进入传统的非技术的领域;而人文的技术哲学家们面对"世纪的赌注",处于深深的焦虑中,希望能采取有效的手段限制技术的扩张。由此形成了技术哲学的工程传统与人文传统的分立。然而早期的人文传统与工程传统都有其重大的理论问题,他们或者是立足于技术外部对技术的负面效应展开批判,或者立足于技术本身而忽视了与技术相关的其他因素。为了构建技术哲学的理论体系,弥合人文传统与工程传统的分立,当代西方技术哲学的研究呈现出百花齐放的局面,众多的专家学者从不同的思想中吸取有益的成分,形成了技术哲学的多种路径。然而在这多种路径中,有一个共同的倾向,即技术哲学不能仅停留在技术外部,而必须有一个深入技术内部的"经验转向"。"经验转向"是要求把关于技术及其效果的哲学分析建立在对技术的充分的经验描述之上,也就是说对技术哲学反思要基于充分可靠的经验分析,技术哲学不能只有规范性、评价性的研究，也必须有经验性、描述性的研究，前者以后者为基础。

因此，对技术认识的反思也不再停留在单纯的思辨和概念分析上，而要强调其经验基础和经验分析的重要性。温纳的莫瑟桥、皮特的炼油厂、社会建构论的自行车，等等，都是理论建构中的典型案例，对这些案例的经验分析使得技术认识论的内容充实而有说服力，体现了技术哲学的"经验转向"，也对分析技术认识的过程有着特殊的作用。尽管有了这一基本共识，在技术认识论方面，学者们之间的分歧是也是颇为突出的。不同的理论之间的争论在西方技术哲学研究中是一种普遍现象，皮特与费雷之间的争论、皮特与贝尔德之间的分歧、米切姆等学者对克罗斯技术人工物双重属性的质疑、伊德与其质疑者之间的争论等。

虽然当前技术哲学的研究强调"经验转向"，但对技术认识的研究只关注于现成的、已具有成熟形态的认识结构和认识结果，如对静态技术知识的分析。我们认为技术认识具有两重含义。一是指采用一定的技术手段、工具所进行的认识活动，如技术试验，此处的"技术"指明了活动的特征。因此，作为活动过程的动态技术认识由不同的认识阶段构成。二是指活动所得到的成果是技术性的，如技术规则，从而区别于非技术认识。技术知识是作为动态技术认识的结果，对其进行分析当然很重要；除此之外，对技术知识的形成过程，也就是作为活动过程的技术认识进行深入的分析，不仅有助于反思技术活动过程本身，也有助于更好的理解和反思技术知识。

技术认识论研究不再停留在对技术认识仅做整体的规范性考察和批判，而是要深入工程技术内部，把技术活动过程和技术知识打开，做出描述性的阐述。因此，动态的技术认识过程和静态的技术知识是分析技术认识所要研究的两个方面。对动态技术认识的研究，不仅要分析活动过程的不同阶段，还需要具体分析不同阶段中所涉及和形成的知识以及它们的演变和整合。对技术知识的分析会涉及什么样的知识是技术知识，它有什么样的逻辑结构和特征，它可以区分为多少不同的类型等问题。此外，具体的工程技术活动都是在一时一地，在一定情境中的实践活动，要打开技术认识，还必须对技术认识的情境性做深入细致的考察。

1.1.2 研究意义

1.1.2.1 理论意义

解析技术认识具有重要的理论意义。作为哲学的一个分支，技术哲学本身诞生的历史很短，才100多年，理论基础薄弱，而技术进行分析正是技术哲学的一个重要方面。对与技术认识论相关的理论问题，如技术与科学的区别和联系，技术认识论的地位和作用，技术知识的类型等课题，国内外的学者对此都进行了有益的探索，但还是缺乏系统性的研究，这对构建技术哲学的理论体系是不利的。

技术认识论的研究需要考察工程技术实践过程及其成果，同时也要对这一过程和成果进行哲学的反思，这有利于为人文传统与工程传统的弥合找到突破口。技术认识论是技术哲学的基础和前沿问题，同时也是一个薄弱环节，因此系统深入的描述和反思技术认识，有利于打开技术"黑箱"，拓展技术认识论研究的领域，助力技术认识论理论体系的建立。对技术认识过程及其成果的考察，必然要涉及认知因素和价值因素在技术认识的形成和确立过程中的作用，这有利于消除皮特与费雷之间的争论，以及张华夏教授、张志林教授与陈昌曙教授、远德玉教授之间的争论，并对理顺技术本体论、技术认识论、技术方法论、技术价值论之间的关系有益。

技术认识作为人类的一种独特认识形式，对其活动阶段的实际状况做出描述性的分析和反思，对技术知识的本质进行深入的探讨必然要结合认识论、技术史、技术社会学、技术人类学等相关学科的内容，形成学科间的互动与交流；不仅需要共享相关的研究资料，也可以相互借鉴各自的研究方法和理论观点。如技术认识论是对认识论的内容、方法、理论结构等方面的具体和深化。技术史上重要发明可以作为研究案例，深入分析这些技术发明的形成，可以剖析技术认识的形成，同时技术史学家关于技术发展的观点也可资借鉴。

1.1.2.2　现实意义

解析技术认识不仅对技术认识论的理论体系建设，乃至技术哲学研究纲领的建设都有着独特的作用，而且对具体的工程技术实践也具有重要的价值。

技术认识具有突出的实践取向。技术认识是人类在改造自然，创造人工自然的过程中形成的认识，用于指导创造人工自然的实践活动，因此可以说，技术认识来源于实践，应用于实践。"技术理性着眼于回答人类改造自然、创造人工自然的实践活动应该'做什么'、'用什么做'、'怎样做'的问题，它观念地将事物由本然状态改变成理想状态，在观念中建构出理想的客体。"① 技术认识之所以能指导实践，是因为它或者是关于实践对象的认识，或者是关于实践本身的认识。在邦格看来，关于实践对象的认识被称为"实体性理论"，关于实践本身的认识被称为"操作性理论"。"实体性技术理论基本上是科学理论在接近实际情况下的应用……，而操作性技术理论，从一开始就与接近实际条件下的人和人机系统的操作问题有关。"② 尽管我们并不赞同"技术是应用科学"的观点，但邦格确实指出了技术认识的实践维度。

考察的动态技术认识过程，也就是考察和反思一个完整的技术认识所要经历的不同阶段及其关系，这里会涉及技术认识的一般过程和机制，有助于分析当前具体的技术开发和创新过程。对技术知识的本质，对不同技术活动阶段所包含的不同类型的技术知识的分析有助于明确具体的技术发展过程。对技术认识的描述性考察，必

---

① 陈凡、王桂山：《从认识论看科学理性与技术理性的划界》，《哲学研究》2006年第3期，第94—100页。

② 马里奥·邦格：《作为应用科学的技术》，转引自邹珊刚主编，《技术与技术哲学》，知识出版社1987年版，第49—50页。

然涉及技术认识的情境性问题，因为技术认识并不是单纯的技术行为，必然涉及多方面的社会因素，明确技术与其情境之间的关系有助于技术与当地社会文化环境的融合。

1.2　文献综述

1.2.1　技术哲学的"经验转向"

正如卡尔·米切姆（Carl Mitcham）所说，技术哲学自其诞生开始，就一直伴随着工程传统与人文传统的分立。"工程的技术哲学着眼于技术的合理性，或者着重分析技术本身的特性，诸如它的概念、方法、认知结构以及客观的表现形式，进而着手去发现那些贯穿于人类活动中的特性的表现形式。"[①] 工程传统技术哲学的主体大多是有着丰富技术知识的工程师，对技术的产生，形成，发展和影响有着具体细致的认识，因此倾向于将人类的其他活动转化为技术的语言，并用技术语言来理解更大范围的人类世界。同时他们认为，人文传统在批驳技术时，并不真正了解技术，并且由于对批判性的关注和对道德的敏感性很容易导致非理性认识，并做出错误的判断。"它（人文的技术哲学）探寻技术的意义——技术与那些超技术事物如艺术和文学、伦理学和政治学、宗教的联系。它通常与人类世界中非技术的方面共存，并且思考技术如何可能（或者不可能）与这些非技术的方面适应或相一致。"[②] 人文传统的技术哲学，其主体大多是哲学家，其关注的核心是人的本性，认为技术的发展会限制甚至扼杀有着多重内涵的人的本性，从而立足于技术外部，对技术展开规范性的批判，并认为没有必要陷入专业化的技术细节。因此，人文传统是对技术整体的焦虑，焦虑人性的自由会被技术的扩张所侵蚀掉，而陷入了一种浪漫主义的情绪中。

---

① 卡尔·米切姆：《通过技术思考》，辽宁人民出版社 2008 年版，第 80 页。
② 同上书，第 81 页。

相对于工程传统，尽管人文传统具有历史和逻辑的优先性，但停留在技术外部来批判技术，不仅使得批判流于空泛，也会阻碍技术哲学的发展。米切姆认为，"捍卫人文主义的技术哲学在哲学上的至上地位并不需要暗示人们应该放弃工程的技术哲学的实践——也不需要暗示人们它如其所说的那样完美。"① 因此，技术哲学的研究必须立足于经验的基础，技术哲学需要"经验转向"。尽管学界基本都认可技术哲学需要"经验转向"，但在什么是"经验转向"的理解上却存在分歧，其中主要存在三种观点②：

（1）经验的技术哲学。这种理解要求技术哲学集中关注于事实本身，使技术哲学成为一种"经验的技术哲学"，以经验证据来证实或证伪特定的哲学观点。

（2）非规范性的、描述性的技术哲学。这种理解认为技术哲学应当从规范性的、评价性的内容转向经验性的、描述性的内容，技术哲学的理论体系建设也要求技术哲学应将关注的问题从道德的转向非道德的、描述性特征（如认识论、本体论或方法论）的问题。

（3）具有经验根据的技术哲学。这种观点把关于技术及其效果的哲学分析建立在对技术的充分的经验描述之上，经验转向的唯一目的就是在技术的现实实践中为答案提供一个稳固的经验基础，通过详细的经验的案例研究来审视技术，揭示它们本身所特有的哲学问题。

第一种理解会使技术哲学成为一种经验学科，与技术社会学或技术经济学等学科相似；第二种理解使技术哲学放弃了哲学的批判性、反思性，放弃了其中的价值问题和伦理道德问题；第三种理解使得技术哲学既具有了经验的基础，也没有失去其规范性的内容，

---

① 卡尔·米切姆：《通过技术思考》，辽宁人民出版社2008年版，第181—182页。

② Peter Kroes. "Introduction", *The empirical turn in the philosophy of technology.* Netherlands: Elsevier Science Ltd, 2000. xx – xxvii, xxiv.

保留了哲学性。本项研究采用第三种理解，但还需要明确一个关键问题，那就是如何理解"经验"。"经验"的意义是多维度的。经验主义者就认为，"经验"既包括外在的感觉，也包括内在的反省①。胡塞尔（E. Edmund Husserl）认为，"个体对象的明证性从最广泛的意义上构成了经验的概念"②，也就是说，经验是指某人依靠他的感官获得了关于特定的时间和地点的事实的信息，在经验过程中，个体的多种感官（视觉、听觉、触觉等等）总是一起在发挥作用。阿诺德·佩西（Arnold Pacey）认为，经验中不仅包括硬件，即实用技巧和技术知识，而且包括组织的、政治的维度和与价值及信仰相关联的"文化"维度；不仅包括了一定社会共享的意义，而且包括个人的价值和单个人的技术经验③。佩西对"经验"的理解才更适合经验转向中的"经验"。

1.2.2　认识论的理论背景

"认识论是哲学的一个部门。它研究知识的性质、范围及其前提和基础，以及对知识所要求的一般可靠性。"④ 西方哲学对认识论的关注源于智者学派对认识可能性的怀疑，高尔吉亚（Gorgias）认为，"无物存在；如果有某物存在，人也无法认识它；即便可以认识它，也无法将它告诉别人。"⑤ 认识论的研究是要试图证明认识是可能的，并要评价感官和理性在获得知识的过程中的作用。

认识论的研究始于柏拉图（Plato），他最先讨论了认识论的一

---

① 洛克：《人类理解论》，商务印书馆 1983 年版，第 68—69 页。

② 胡塞尔：《经验与判断——逻辑谱系学研究》，生活·读书·新知三联书店 1999 年版，第 42 页。

③ Arnold Pacey. *Meaning in Technology*. Cambridge. MA：MIT Press, 1999. 6—9.

④ D. W. 海姆伦：《西方认识论简史》，中国人民大学出版社 1987 年版，第 1 页。

⑤ 北京大学哲学系外国哲学史教研室编译：《西方哲学原著选读》（上卷），商务印书馆 1981 年版，第 56—57 页。

些基本问题：知识是什么？它从何而来？它与真实信念是什么关系？我们通常认为已有的知识中有多少是真正的知识？柏拉图认为日常的感性经验只是意见或者假定，由此形成的信念是可错的，而非知识，只有对理念世界的理解和认识才能提供不可错的知识。那么，处于可感知世界中的人怎么获得知识呢？也就是说，信念如何才能成为知识呢？柏拉图认为，知识必须有一种给予真实信念所依据的理性的能力。这就是后来被概括为知识的定义：被证明为真的信念。所以，知识必须满足三个条件：证明、真实和信念①。此处的真实指的是命题的内容为真，信念是对命题为真的信念，证明是指对命题为真的信念的合理性证明。命题内容的真实性是信念成为知识的关键和基础，"如果一个命题被当作真实的，它必定伴有知识的获得者或认知者对该命题确信为真的信念，'知'就意味着'信'，命题的真实性决定信念的合理性，命题真实性的证据就是信念合理性的证据。"②

什么样的命题是真实的，可以成为知识？不同的阶段对这一问题的解决是不一样的。古希腊时期，哲学研究的是现象背后的本体，对真正本体的认识才能是知识，命题内容的真实性源于本体；中世纪哲学，哲学成为了神学的婢女，为上帝服务，只有上帝的启示才能是知识，命题内容的真实性源于上帝。哲学发展到近代，有了一个认识论的转向，即通过科学的方法获得的命题才是知识，而科学方法主要有演绎法和归纳法，因此，认识论转向之后的哲学可以区分为唯理论和经验论。

唯理论强调理智的作用，理智从天赋观念出发，经过逻辑推理而获得的命题才是真正的知识，才具有确定性。笛卡尔（Rene Descartes）就认为认识以天赋观念为起点。每个人自出生开始，心

---

① Paul K. Moser. *The Oxford Handbook of Epistemology*. Oxford：Oxford University Press，2002. 4.

② 雷红霞：《西方哲学中知识与信念关系探析》，《哲学研究》2004 年第 1 期，第 49—52 页。

灵中就有一些"共同的想法",这是一切认识的基础。斯宾诺莎也认为,"正如光明之显示其自身并显示黑暗,所以真理即是真理自身的标准,又是错误的标准。"[①] 莱布尼茨(Gottfried Wilhelm Leibniz)也说道:"我一向是并且现在仍然是赞成由笛卡尔先生所曾主张的对于上帝的天赋观念,并且因此也认为有其他一些不能来自感觉的天赋观念的。现在我按着这个新的体系走得更远了;我甚至认为我们灵魂的一切思想和行为都是来自它自己内部,而不能是由感觉给与它的。"[②] 通过感觉经验获得的事实真理,在莱布尼茨看来是偶然的、不可信的,因为事实真理不能满足充足理由原则,因为没有充足的理由说明为什么事实是这样而不是那样;而推理真理才是必然的、可靠的,因为它满足矛盾原则,一个判断要么真,要么假,如数学公理、逻辑规则推演出的知识。

文艺复兴之后的科学方法,除了逻辑推理以外,还有经验归纳。经验主义者认为并不存在天赋观念,知识的获得是对感觉经验的归纳,所以他们在观念的来源和真正知识的来源上与唯理论不同。

洛克(John Locke)在《人类理解论》中将观念的来源区分为感觉和反省,反省是心灵对感觉观念的作用。在感觉观念中,洛克又做了两种区分,第一性的质和第二性的质。第一性的质属于物体自身,而第二性的质在不同心灵中所反映出来的观念是各有不同的,它们不属于也不构成物体,只是我们的观念,但它源于物体有这样的能力,所以也是物体的性质。洛克进一步认为,一切知识都是关于观念的,"所谓知识,就是人心对两个观念的契合或者矛盾所生的一种知觉——因此,在我看来,所谓知识不是别的,只是人心对任何观念间的联络和契合,或矛盾和相违而生的一种知觉。知

---

① 斯宾诺莎:《伦理学》,商务印书馆 1997 年版,第 82 页。
② 莱布尼茨:《人类理智新论》(上卷),商务印书馆 1982 年版,第 36 页。

识只成立于这种知觉。"① 依据观念间的不同关系，知识有"直觉的、辩证的和感觉的"三种。"我们如果一反省自己的思维方式，就可以发现人心有时不借别的观念为媒介的就直接看到它的两个观念间的契合或相违这种知识，我想可以叫做直觉的知识。"② 直觉的知识是不需要证明的，它是我们的全部知识的基础；解证的知识是指在不能直觉到观念间是否契合，需要"借别的观念为媒"，也就是通过推理和证明看到观念间的契合或者相违的知识；感觉的知识是关于外界物体的存在的知识，由外界事物的作用，心灵形成了各种感觉观念，还了解到那个与感觉观念相对应的外界的物体的存在，从而获得关于外界物体存在的特殊知识。但是洛克认为，感觉和反省所形成的观念是知识与事物之间的媒介，我们仅能知道事物的观念，而对它自身一无所知，"至于事物的内在组织和真正本质，我们更是不知道，因为我们没有达到这种知识的官能。"③ 这对贝克莱和休谟思想的形成和发展产生了巨大影响。

贝克莱（George Berkeley）对这种不可认识的物质实体采取了否定的态度，他认为物质对象的存在只在于它们的被感知，存在就是被感知，物质对象的就是观念的复合，一切知识的材料都来自于感官知觉，知识本身以感官知觉为基础，"推理得来的知识最终一定要以建立在感官知觉基础上的知识为依据。"④ 所以，贝克莱不认为人类的理解是有限的，感官知觉给了我们关于实在的全部知识。休谟（David Hume）在这一点上同意贝克莱的观点，但他又认为我们的理解能力是有限的。休谟认为"知觉"是知识的基本要素，包括印象和观念。认识过程中最先出现的是感觉印象，经过反省印象，获得与之相应的观念。但是感觉印象从何而来？休谟认

---

① 洛克：《人类理解论》（上卷），商务印书馆1983年版，第515页。

② 同上书，第520—521页。

③ 同上书，第286页。

④ D. W. 海姆伦：《西方认识论简史》，中国人民大学出版社1987年版，第54—55页。

为是不可知的。"至于由感官所发生的那些印象，据我看来，它们的最终原因是人类理性所完全不能解释的。我们永远不可能确实地断定，那些印象还是直接由对象发生的，还是被心灵的创造能力所产生，还是由我们的造物主那里得来的。"① 休谟认为人类关于外部世界的知识是建立在经验的基础之上的，其中的因果关系并不是逻辑的或者先验的联系，但是为什么会认为因果关系中有着某种必然性呢？休谟认为这种必然性不可能是逻辑的必然性，也不可能由较普遍的必然性所提供的那种必然性中引申出来，因为这种较普遍的因果性原理是从我们对个别因果联系的知识中获得的，决不是必然的。所以因果联系的必然性信念并不是合理的，它源于心理联想，源于经验，只有当类似的现象多次重复或经常集合在一起，从而在人的心灵上产生惯性的影响时，才能形成这种观念。

唯理论从不同形式的天赋观念出发，认为通过逻辑演绎的方法得到的关于实体和世界本质的认识才是普遍必然的知识；经验论从人的感知出发，认为只有通过归纳的方法，获得的关于实体的认识才是知识，但却逐渐走向了怀疑论。康德认为，唯理论并未对理性自身进行反思，而是把理性能够获得关于实体及世界本质的知识的能力当作了前提，并未考察理性的认识能力，所以，唯理论其实是一种"独断论"；而经验论从培根开始，经由洛克、贝克莱，到休谟，则演变成为怀疑一切知识的必然性和可靠性的"怀疑论"。

针对唯理论和经验论各自的优势和弊病，康德（Immanuel Kant）有清楚的认识。他认为认识有内容和形式两个方面，感知获得的经验材料是认识的内容，理性推理则提供认识的形式。同时，他还认为理性的认识能力是有限的，只能认识现象，而不能认识到现象背后的实体，认识不了物自体，物自体是道德实践的对象，而非理性认识的对象；理性的超范围使用会导致谬误，或者陷入独断论，或者陷入"二律背反"。因此，康德进在认识论上进行了一场

① 休谟：《人性论》（上册），商务印书馆 1996 年版，第 101 页。

"哥白尼革命"，把认识的焦点由认识对象转移到人，因为理性具有先验的认识形式。这种先验认识形式一方面可以使得感官获得的认识内容成为具有普遍必然性的知识；另一方面当先验认识形式规范感官获得认识内容之后，认识对象才能形成。

认识过程在康德那里就成了人类理性的先验认识形式整理、综合和统一感觉质料以形成知识的过程，可分为感性认识、知性认识和理性认识三个阶段。在康德看来，单一的观念不是知识，具有一定联系的观念构成了判断，判断与经验中的对象相一致时才可能是知识，并且只有"先天综合判断"才是知识。"先天综合判断"既有先天的认识形式来保证判断的普遍性和必然性，又有经验的材料保证判断包含新的内容，扩展已有的知识范围。对于先天形式与感觉经验在认识中的地位和作用，康德认为，感性经验是认识的基础，先天形式具有决定作用。感性经验是物自体作用于感官而产生的经验质料，而理性先天具有的纯粹直观形式则整理这些质料，使它们具有一定的秩序和关系，形成现象，这样就既形成了感性直观的认识，又形成了感性直观的对象。感性不能思维，不能产生概念，知性不能直观，不能产生对象的直接知识，也就是说理智依靠感性提供思维的内容，并自发地把它们与思维对象联系起来。理智的这种自发活动就是通过先天的纯粹思维形式——范畴，使经验材料得到综合统一，使其联结为一个客观的具有普遍必然性的对象，并形成具有普遍必然性的知识。范畴要获得其意义，以经验材料是不可分的。"任何一个概念所需要的，首先是一般概念（思维）的逻辑形式，其次还要有它与之相关的一个对象被给予它的那种可能性。没有后者它就没有意义，在内容上就完全是空的，哪怕它总还会包含有从可能的材料中制定一个概念的那种逻辑机能。"① 所以，知识被限定在经验的范围内，认识只能认识现象，而不能认识物自体。但是认识到了知性阶段并没有结束，还要进一步追求理性的认

---

① 康德：《纯粹理性批判》，人民出版社 2004 年版，第 218 页。

识。理性只与知性的概念和判断相关，以间接推理的逻辑形式扩大认识范围，以追求知识的完整统一性，但是实际的认识是有界限的，人类的认识能力不能越界，不过人类认识的自然倾向又不满足于这种有条件的、不完整的关于现象世界的经验知识，而要去追求无条件的、完整统一的关于"物自体"的认识。康德认为，所谓的"物自体"其实只是理念，一种超验的、没有实际对象的主观概念，是理性自生的，用于综合统一经验知识的原则，以期达到最大的统一性和完整性。如果把理念当作实在的对象来认识，那就是超范围的使用了人类的认识能力，只能产生幻象和"二律背反"，超验的本体世界是不能被认识的，只能靠道德实践来把握。

13

　　自 19 世纪中叶开始，伴随着科学的大发展，西方哲学进入了现代，出现了众多的学说和流派，争奇斗艳，匆匆来去，众多流派的形成也突显出认识论问题的探究方式是多种多样和极其复杂的。在这些众多的哲学流派之中，可以发现两条主线，科学主义和人本主义。"现代西方哲学大体可分为科学主义和人本主义两大思潮，两者都源于西方近代哲学。"①

　　科学主义最早表现为孔德（Auguste Comte）开创的实证主义思潮。实证主义反对形而上学的传统哲学，他们认为，没有方法可以用经验来证明形而上学的命题是真还是假，因而这样的断言是无意义的，必须加以拒斥。在此基础上，实证主义主张：把知识限于经验的范围，坚持实证主义原则，拒绝讨论经验以外的问题；推行科学主义，把自然科学，尤其是现代数学和物理学的方法推广，使人文学科，包括哲学自然科学化。20 世纪初，实证主义响应弗雷格（Friedrich Frege）、罗素（Bertrand Russell）、维特根斯坦（Ludwig Wittgenstein）等人创立人工语言（后期转变为制定日常语言的使用规则来根治"哲学病"），结束模糊的哲学语言的号召，形成了新实证主义，即逻辑实证主义，引起了哲学上的"语言学转

---

① 　夏基松：《现代西方哲学教程新编》，高等教育出版社 2003 年版，第 1 页。

向"。

逻辑实证主义在知识的论证问题上，坚持"经验证实原则"，他们认为知识依赖于经验，一个命题是否有意义取决于此命题是否表述经验内容，即是否能被经验证实或证伪，只有能被经验证实或证伪的命题才是有意义的。石里克（Moritz Schlick）认为，"一个命题只有在下列条件下才能说明其意义：它通过一种实验可以鉴别或断定它是真的还是假的。"[①] 但是真正的科学理论是远离经验的，为了贯彻经验原则，必须寻找一条从理论还原为经验的通道：利用数理逻辑的成果对所有的知识命题进行逻辑分析，以揭示这些命题的经验基础，即把某些可以归属于直接的可观察的初始元素区分开，将它们视为知识的经验基础，再制定一套还原方法，把所有的其他命题和纲领归结为上述初始命题和词项，从而找到对科学的一切命题进行经验证实的手段。初看起来，逻辑实证主义的主张是十分合理的，但有两个致命问题。第一，逻辑实证主义以是否可观察为标准，把科学术语区分为观察术语和理论术语，但是可观察的标志是什么呢？卡尔纳普（Rudolf Carnap）认为是观察术语是否真可用最简单的工具做比较少量的观察来确定，但是"最简单的工具"和"比较少量的观察"都不明确，并不能定量指标加以明确，因此观察术语和理论术语的区分是相对的。第二，观察术语在逻辑实证主义那是不受理论污染，对不同的理论保持中立的语言，但是这样的语言是不存在的，因为"观察渗透着理论"。在逻辑实证主义内部是无法解决这样的根本性问题的，之后就兴起了历史主义。历史主义接受了奎因（W. V. Quine）的整体主义和汉森（N. R. Hanson）的"观察渗透着理论"的思想，其代表人物库恩（Thomas Kuhn）提出了"范式"理论，认为科学理论是由许多命题、定律、原理构成的整体，其中有一些基本理论、观点和方法构成理论的核心，即为"范式"。范式是整个理论的基础，是不能被经验证

---

① 洪谦：《西方现代资产阶级哲学论著选辑》，商务印书馆1993年版，第268页。

伪的，因为科学家们可以调整外围的保护带，以保护范式，从而保护整个理论。历史上理论的更替，并不是由于经验的证实或者证伪，而是科学共同体的信念变化的结果。所以，范式是信念的产物，而非理性认识的产物，不同范式之间的语言也就不可通约，不可交流。

15

　　人本主义坚持认为哲学的对象是人的自我意识，主张通过内心的体验或者现象学的直观，以洞察、把握人的自我价值，因此反对科学主义的观察、实验、逻辑分析等方法。基于这样的理论诉求，人本主义以文学艺术的语言为典范，以研究人的内心体验为主要内容，提倡对人的内心体现进行理解和解释，所以，又称为解释学。狄尔泰（Wilhelm Dilthey）等客观解释学者认为文本的意义是客观和确定的，解释者必须摆脱个人的偏见和误解，以客观的态度（移情）去理解文本的原意。海德格尔（Martin Heidegger）则认为解释学并非解释文本意义的方法，而是对"此在的生存方式"的理解，而且文本的意义并不是客观的，而是在与此在发生关系的过程中产生的，并且这种关系具有多种可能性，最终究竟呈现哪种可能性则依靠此在的筹划，"只要某物被解释为某物，解释就本质地建立在前有、前见与前设的基础上的。一个解释决不是无预设地去把握呈现于我们面前的东西。"① 伽达默尔（Hans - Georg Gadamer）认为存在与语言是密不可分的，人拥有了语言就拥有的世界，"语言并非只是一种生活在世界上的人类所适于使用的装备，相反，以语言作为基础，并在语言中得以表现的是，人拥有世界"②。伽达默尔认为人对文本的理解虽然受历史条件所构成的"视域"的局限，不同"视域"的人对同一个文本的理解不同，但沟通和交流是可能的。

---

① 海德格尔：《存在与时间》，转引自夏基松《现代西方哲学教程新编》，高等教育出版社 1998 年版，第 591—592 页。
② 伽达默尔：《真理与方法》（下卷），上海译文出版社 1999 年版，第 566 页。

科学主义与人本主义通过语言学而出现合流的趋势，但是在科学的语词是否指称外部实在这一问题上，出现了科学实在论与反科学实在论的争论。科学实在论者认为指称外部实在，它们的意义是确定的；而反实在论者则反对这一主张，认为科学语词并不指称外部实在，它们的意义是不确定的。针对这一争论，范·弗拉森（Fraassen B. C. V.）提出了他的建构经验论思想。建构经验论作为经验论在当代的新发展，坚持经验论原则，对世界进行了"可观察的"与"不可观察的"区分。可观察的现象只是人的感官所能直接获得的，是现象学意义上的直接"呈现"，经验世界也就是可观察的世界，科学认识就是以可观察世界为研究对象，而超出经验世界的不可观察的世界是不能被认识的。仅在认识论的意义上，经验才能作为知识的来源，为科学认识提供经验材料。科学的目的是提供具有"经验适当性"的理论，既然经验世界不可能是像理论描述的那样，那么，理论就必须经常地根据经验观察来修正，一旦能穷尽自己辖域内的可观察现象的所有可能，那么这个理论就是经验上适当的。"要对科学形成经验主义的解释，就要把科学描述为仅仅对经验世界和实际的可观察物的真理的探求"，"要做一名经验论者，就不能接受任何有关超越实际的可观察现象东西的信念，就得承认自然界中不存在任何客观的模态"①。

科学实在论与反科学实在论的争论也影响到了实用主义者。早期的实用主义者基本都认同实在论的观点，认为认识依赖于某种永恒的、不受我们思想影响的外在之物，这种外在之物就即为认识的基础。如刘易斯（Clarence Irving Lewis）提出了知识的四个标准：（1）知识必须是对事实的东西的一种领悟或者信念；（2）认识的内容必须有所指；（3）知识必须有适当的根据；（4）知识就这个词的

---

① 范·弗拉森：《科学的形象》，上海译文出版社 2005 年版，第 254 页。

严格意义而言必须是确定的①。后期的实用主义则否定了认识有其基础的立场。塞拉斯（Roy Wood Sellars）认为感性材料并不是认识的基础，不能为认识提供一个不需要通过推理就能断定的基础，认识活动不可能可靠地建立在感觉材料这个基础之上。普特南（Hilary Putnam）认为外部事物虽然可以直接感知，但这种感知并不是不可更改的，认识中的感觉材料也是推论的结果。

上述分析可以看出，自柏拉图以来，知识一直被理解为"被证明为真的信念"，这一界定在 1963 年被葛梯尔（Edmund L. Cettier）所动摇。葛梯尔反例表明，"被证明为真的信念"并不能成为"知识"的定义②。认知主体的相信、辩护和真理性不再是"知识"的充分条件，而是必要条件，辩护问题需要从认知主体的内在心理来考察，真理性则需要从认知主体的外部考察，认知主体如何获得外部真理则需要考察认识的社会性和实践性③。此后，众多的学者从不同的角度，运用不同的方法对知识的定义进行修正。

"内在主义"坚持传统的认识论思路，信念的辩护发生在认识者内部，属于认识者的心理活动，由与其他信念的关系来决定，因此可以认为信念的辩护由认识者的心理决定。"外在主义"则跳出了传统认识论的思维方式，认为从认识者的内在心理去探寻信念的辩护问题，必须依赖于某种认识者并不能把握的性质，所以他们放弃了传统的信念的内在辩护问题，转而从信念产生的外部原因中寻求知识的"可依赖性"。然而内在主义与外在主义单纯强调知识辩护的一个方面，这显然是不够的，因此，众多的学者也强调二者的

17

---

① 涂纪亮：《实用主义认识论观点的演变》，《哲学研究》2006 年第 1 期，第 53—58 页。

② Edmund L. Cettier. *Is True Justified Belief Knowledge?* . Analysis, 1963, （23）：121—123.

③ 陈真：《盖梯尔问题的来龙去脉》，《哲学研究》2005 年第 11 期，第 41—48 页。

融合。德性知识论认为"知识是德性的真信念",认识论的研究没有必要寻求知识的确定基础,而要考察"认知主体在主观能力上的差异以及认知环境等客观因素对认知的影响"①。语境论认为知识的辩护和意义的获得与其语境相关,随语境的变化而变化。社会知识论把认知主体之间的交往行为以及相关的社会制度结构当作社会认识的主要研究对象。

传统认识论的研究试图找到获得知识的不可错的方法和评判标准,因此不可避免的受到怀疑论的诘难。葛梯尔反例所引发的广泛讨论为认识论的研究开创了新的视角,放弃寻找知识的最终基础和永恒标准,而致力于探求对知识的更为全面、更为合理的把握和理解。然而,无论是传统认识论还是现代认识论所研究的"知识"都只是"命题知识","知识"却并不只有命题知识。一般来说,知识可以区分为四类②:

(1)事实知识。如我知道 2 + 2 = 4。

(2)状语知识。如知道对象、时间、方式、原因等等。

(3)相识知识。如我知道那辆车的主人。

(4)实践知识。如我知道怎样滑冰。

传统的认识论关注的是第一种知识,即命题知识。命题知识的关注重点并不是一个活动或者行为。在回答"你在做什么?"这个问题的时候,你不能说"我知道 2 + 2 = 4",而要说"我在欣赏这些玫瑰花"。知道的事实并不是某人要做的某事,它不是一个过程而是这个过程的结果。一般来说,传统的认识论具有以下三个突出的特征。

(1)真理性。只有事实才能被认识到。如果某人知道 p,那么 p 一定是真的。"如果 X 知道 p,但是 p 不一定事真的",这样的称

---

① 郝苑:《理智德性与认知视角》,《自然辩证法研究》2011 年第 27(4)期,第 20—24 页。

② Nicholas Rescher. *Epistemology: An Introduction to the Theory of Knowledge*. Albany: State University of New York Press, 2003. xiv – xv.

述是没有意义的。只有事实才能被认知。如果一个人承认 p 是真的，那么他就会知道 p；如果他不准备承认 p，那么他就不会说他知道 p。

（2）基础性。知识必须有适当的基础。如果没有理由，某人是不会承认某事的，也不会说他知道这事。因此，知识并不仅仅是信念，而是适当的理智的信念。

（3）一致性。知识的真理性需要一致性。因为命题知识的所有事项都一定要是真的，所以所有的事项都必须是一致的。X 知道 p，同时 Y 知道非 p，这种情况是不能出现的。

19

认识的发展是一个实践过程。杜威（John Dewey）认为，认识首先是人类适应环境的行为，其过程更多的是"探索"，而非纯粹的思维，与环境相互作用过程中形成的经验才是认识的基础，"经验变成首先在于做的事情。……有机体是按照它自己的简单或复杂的构造对环境发挥作用的。其结果，环境中所造成的变化又反过来对有机体及其活动起反作用。生物受着自己的行为后果的影响。行动和遭遇之间的这种密切联系，就形成了我们所谓经验。没有联系的动作和没有联系的遭遇都不成其为经验。"① 所以，在杜威看来，认识不仅是人类适应环境的过程，也是有指导控制的操作过程，知识就是这个探究过程的结果。"知识的对象是事后形成的，它是实验操作所产生的结果，而不是在认知以前就充足存在的东西；在实验操作的过程中，感觉因素与理性因素没有地位上的高低，它们在互相联系与协作中，构成了知识。"② 所以认识的任务深深的包含着实践的努力，而不论它的结果上负载着多么纯粹的理论兴趣。因此，实践对知识来说是必不可少的，实践过程也是获得知识的必要方式。

---

① 杜威：《哲学的改造》，商务印书馆 1989 年版，第 46 页。

② 邹铁军：《杜威认识论述评》，《吉林大学社会科学学报》1983 年第 5 期，第 36—43 页。

1.2.3　当代技术认识论的研究成果

技术认识论的研究很早就受到了技术哲学家的关注。波兰尼（Michael Polanyi）在1958年出版的《个人知识》中提出，"相对于传统认识论所依托的可明确表述的逻辑理性，人的认知运转中还活跃着另一种与认知个体活动无法分离、不可言传只能意会的隐性认知功能，而这种意会认知却正是一切知识的基础和内在本质。"[①]技术知识在波兰尼看来，具有典型的难言性。自20世纪50年代开始，技术哲学家从多重角度、多种传统出发对技术哲学进行了研究，技术认识论的研究也逐渐进入更深层次，出现了蓬勃发展，百花齐放的局面。"技术哲学中丰富多彩的多元性的研究方法，应该被看作合理正当的哲学研究方法"，"对技术与技术社会来说，一种综合性批判性的多元论哲学方法，在自我认识能力的提高和社会政策的完善方面，有着确定无疑的重要性。"[②] 米切姆在分析技术哲学的发展历程时，提出在技术哲学的发展过程中形成了两种传统：工程传统和人文传统。在对技术认识的分析中，笔者认为这种两分法依然适用。当然，这种区分是粗线条的，依据的只是学者们的研究方法和理论倾向；学者们从不同的传统中吸收了不同的思想资源，做出细致的区分是很困难的。因此，两分法是可能的，也是必要的，有利于从整体上把握西方技术认识论研究的现状及其所存在的问题。

1.2.3.1　当代技术认识论的工程主义倾向

工程主义倾向的研究主体一般是从事，至少是熟悉技术实践活动的学者，不仅强调对技术自身进行分析，还主张工程技术的思维方式可超出其自身而用于社会科学中。

---

① 张一兵：《科学、个人知识与意会认知——波兰尼哲学评述》，转引自波兰尼《科学、信仰与价值》，南京大学出版社2004年版，第6页。

② Frederick Ferre. *Philosophy and Technology after Twenty Years.* Techné，1995，1（1—2）．

德国技术哲学家弗里德里希·拉普（Friedrich Rapp）认为，技术面临的情况十分复杂，需要一种经验主义的分析。因此，技术哲学的主要任务就是关注这种复杂性和技术世界的准确的特点、它的产生以及相应的后果等。他在《技术科学的思维结构》和《分析的技术哲学》等著作中多次明确提出要重视技术的方法论、认识论研究，认为不应将技术看作一个整体而要采取分析的方法，具体分析技术的起源、发展动力、活动范围和现代技术的动态特征等各种问题，认为只有这样才能解释这些因素之间的关系和他们对整个过程影响的机制。在《技术评估的前景分析》中，拉普着重研究了技术评估中的文化因素，认为技术评估总会涉及技术统治论和乌托邦的因素，因为人们设计技术评估是为了减缓或者消除现代技术所带来的后果的一种灵丹妙药。拉普认为技术已经成为一个独立的领域，也应该具有独立的认识论地位，这样才能充实技术哲学的内容。在《现代世界的动力》中，他认为，从工程学的角度讲，技术哲学必须关注技术的具体过程，解释技术变化的动力，研究干涉技术决定论的方法，否则技术的理论公设就不能发挥实际的作用；从哲学的角度讲，技术哲学必须与哲学传统结合，不能离开哲学的传统而独立研究技术哲学。

加拿大哲学家邦格（Mario Bunge）把技术界定为应用科学，但他也认为技术知识具有独特的实践意蕴。"科学是为了认识而去变革，而技术却是为了变革而去认识"，因而，技术是关于实践技巧的学问，技术理论是探讨实际条件下与人和人机系统的操作问题有关的操作性理论。在实践上，技术理论比科学理论的内容丰富。工程师只是"对人类能控制的事件及其良好后果感到兴趣"[①]。所以，技术知识是以实践为导向的知识形式，所以其判断标准是是否有效，而非真假。技术知识主要是达到一定实践目的手段，技术的

---

① 马里奥·邦格：《作为应用科学的技术》，转引自邹珊刚主编《技术与技术哲学》，知识出版社 1987 年版，第 51 页。

目标是成功的行动。

美国职业工程师文森蒂（Walter Vincenti）以航空技术为例，认为运行原理和常规型构成了区别于科学知识的技术知识的实体。技术知识可以由科学发现来触发，但它并不包含于科学知识之中，因为它所处理的问题是为了达到某种实践目的，即我们应该怎样做的问题。工程技术知识比应用科学更丰富更有意义，不仅包括科学知识，还包括如何设计和如何产生新知识等内容。可见，工程技术知识的构成是多元的，是科学知识与工程师的技艺经验的结合。

22

美国技术哲学家贝尔德（Davis Baird）从波普尔的"世界3"理论出发，提出了"工具认识论"，认为工具也是客观知识的一种表达方式，是"世界3"的组成部分。在贝尔德看来，工具制造过程就是把知识封装于其中的过程。因此，理论和工具都表述了世界的知识。理论通过语言文字的描述性和论证性功能来表述知识。真理服务于理论的建构，功能服务于工具的建构，"理论家都是'概念的铁匠'，在给定的命题材料的基础上，可以连接，并置，概括和获得新的命题材料"，"'工具家'是'功能的铁匠'，在给定的功能基础上，发展，更换，扩大和连接新的功能"[1]。因此贝尔德认为，真理对于理论与功能对于工具是一样的，功能是"物质真理"，"当一件人工物成功的实现了某项功能时，它才承载着知识"[2]。在贝尔德看来，工具与科学理论虽在形式上不同，但在认识论意义上没有差异。"凡是理论表达知识的地方，仪器也以物质形的式表达知识。"[3]

美国技术哲学家皮特（Joseph Pitt）认为在技术哲学研究中，

---

[1]　Davis Baird. Encapsulating Knowledge: *The Direct Reading Spectrometer*. Techné, 1998, 3 (3).

[2]　Davis Baird. *Thing Knowledge – Function and Truth*. Techné, 2002, 6 (2).

[3]　Davis Baird. *Scientific Instrument Making, Epistemology, and The Conflict Between Gift and Commodity Economies*. Techné, 1997, 2 (3—4).

技术认识论具有逻辑优先地位，只有建立起对技术的描述性分析，技术哲学的社会批判才能有牢固的基础，技术的认知价值居于技术价值体系的顶端。皮特认为技术不仅仅是静态的工具，更是人类的活动。因此技术首先应该具有社会向度，与社会的人分不开；又具有实践向度，技术是工具的应用。所以，皮特把技术界定为"人类在劳作"[1]，将技术主客体关系的预设消解于技术行动过程之中。"技术是人类在劳作"指的是人的一种具有创造性的，富含一定的智力因素在内的理性行动过程，因此，并非所有的行动都是技术行动，而是指人类借助于工具而进行的劳动、操作、制作、生产、工作、创造、繁忙等等行为，这是一个实现人性和创造人性的过程。皮特认为具体的技术行动过程是二阶转化的，即"决定—转换—评估"。在这个二阶转化模型中，针对某个问题做出的技术决策属于一阶转化，一阶转化的结果或者可能是另一个一阶转化，即一个进行其他决策的决策，或者可能是导致一个二阶转化，即创造某种工具的决策。二阶转化就是改变现有的物质状况并获得人工制品，即具体的技术行动及其结果。这一过程遵循着输入/输出的二阶转化模式，但不仅限与此，必须包括"评估反馈"[2]，对技术应用所造成的影响进行评估和反馈。一阶转化输入过程是技术的决策过程，由问题的情境和已经拥有的确定性知识决定，这一过程要考虑技术行动过程的本质、技术实践原因的结构、技术合理性的本质等等，但仅靠逻辑和知识并不能保证决策的合理性，决策总是要借助于"经验"，决策的做出事实上就是"在经验中学习"，这即是他所说的"合理性的常识主义原则"；二阶输出过程由应用上的技术对问题加以解决，在此过程中，一阶转化的知识、理论、数据被转化成更多的知识或技术人工物。技术人工物的产出

---

① Joseph C. Pitt. *Thinking about Technology*: *Foundations of the Philosophy of Technology*. New York: Seven Bridges Press, 2000. 11.

② Ibid., p. 13.

并不意味着这一转化过程的结束，评估反馈有可能使进一步决策的知识基础得以升级，并重新通过输入/输出过程而呈现打开的螺旋循环过程。

荷兰学者克罗斯（Peter Kroes）等人认为技术人工物具有二元属性，物理属性和功能属性。其物理结构受自然法则支配，其功能是实现人类行动的某种目的的方法。功能与物质载体共同构成技术人工物[①]。技术人工物的功能只有在人类行动中才能展现，因此，功能是一种人类的（或社会的）建构。"在我们的思考、言谈以及行动中，应用两个基本的世界的概念，一方面，我们将世界看作是物质客体组成的，通过因果联系而相互作用；另一方面，我们将世界看作是代理者（主要是人类）组成的，人类有目的有意识地表征了世界，并在世界中行动"[②]。技术人工物的二元属性通过两种不同的描述模式反映出来，即结构的和功能的描述模式。在对技术人工物的结构进行描述时，应遵循物理法则和理论的概念，而不涉其功能；而以目的论的模式描述其功能时，而不涉及其结构。因此，纯粹描述技术人工物的功能时，其结构便具有一种黑箱的特性，究竟是何种结构导致了这一功能并不明确；而单纯描述其结构时，其功能便成了黑箱，并不明确这一结构能承担什么样的功能。尽管技术人工物的结构和功能之间并不是因果对应关系，但它们是相互依存的，可以在因果关系和基于此因果关系之上的行动的实用主义规则的基础上联结起来。[③]

国内学者对技术认识论的研究始于 20 世纪 80 年代，近三十年来，国内关于技术认识论的学术论文占技术哲学各论题域

---

① Peter Kroes. *Technological Explanations*: *The Relation Between Structure and Function of Technological Objects.* Techné, 1998, 3 (3).

② Peter Kroes, Anthonie Meijers. The Dual Nature of Technical Artifacts – presentation of a new research program. Techné, 2002, 6 (2).

③ 马会端、陈凡：《试论技术客体的二元性》，《东北大学学报》（社会科学版）2003 年第 5 (2) 期，第 82—84 页。

的 8.8%①。学者们首先对技术与科学的区别已做了详细的剖析和阐述，如陈昌曙教授②、陈凡教授③、陈其荣教授④、张华夏教授⑤、李醒民教授⑥等。因此，科学认识与技术认识的区别，关键之处在于前者要认识和解释自然现象的本质和规律，本质是求知，是要回答"是什么"和"为什么"的问题；后者则是要认识在改造自然，创造人工自然的实践活动及其结果的本质和规律，本质是实践，是要回答"做什么"和"怎么做"的问题。在此基础上，国内学者的研究集中于以下几个方面。

第一，技术知识的独特结构和类型。张斌在《技术知识论》一书中对技术知识做出了界定，"技术知识是关于依据对自然物质客体的一定程度的认识，借助于一定的物质手段，有效的改造、变革自然物质客体，使之成为能够满足人的需要的物质形式的知识"⑦，技术知识的形成遵循着明确技术目标，创造性技术构思、方案设计与描述等依次相连的阶段，其逻辑构成包括：基础性技术知识、复合性技术知识、系统性技术知识、应用科学知识、社会技术原则。潘天群也认为技术知识是人类的"行动传统"积存下来的理论财富（自然科学属于"观察传统"），它是人类对如何行动的认识，来源于经验。因而技术知识表现为规范性的技术规则，其判断标准是有效性，并且由于自然科学知识本质上是"技术的"，

---

① 陈凡、陈佳：《中国当代技术哲学的回顾与展望》，《自然辩证法研究》2009 年第 25（10）期，第 56—62 页。

② 陈昌曙：《技术哲学引论》，科学出版社 1999 年版，第 158 页。

③ 陈凡、王桂山：《从认识论看科学理性与技术理性的划界》，《哲学研究》2006 年第 3 期，第 94—100 页。

④ 陈其荣：《科学与技术认识论、方法论的当代比较》，《上海大学学报》（社会科学版）2007 年第 14（6）期，第 5—13 页。

⑤ 张华夏、张志林：《从科学与技术的划界来看技术哲学的研究纲领》，《自然辩证法研究》2001 年第 17（2）期，第 31—36 页。

⑥ 李醒民：《科学和技术异同论》，《自然辩证法通讯》2007 年第 29（1）期，第 1—9 页。

⑦ 张斌：《技术知识论》，中国人民大学出版社 1994 年版，第 24 页。

已渐渐地从属于提供技术知识的技术研究。① 王大洲等关注到了技术知识的难言性，分析了技术知识难言性的内涵、证据、重要性，以及与明言知识之间关系，揭示了难言性知识对于技术创新的重要意义。② 高亮华把技术知识界定为"工程师所应用的知识"，或者"如何做，与如何设计、制造、操作技术制品的知识"，并且技术知识的直接目标是控制与改变世界，其核心是技术规则，即揭示世界可以被操纵的方式，借助于这样的技术规则，则可筹划各种技术行动，因此规范性是技术知识的内在本性。③

第二，技术认知的动力和模式。陈文化等在分析皮特的二阶转化模式之后，阐述了技术认识论、技术认识过程及其运行模式，认为作为马克思主义哲学"全部认识论"中"十分重要的一半"的技术认识，应给予应有的重视。④ 王前认为尽管现代技术是在近代科学的基础上发展起来的，但在由科学向技术转化的过程中，许多其他方面的因素逐渐介入其中，造成了技术的认知特点不同于科学，技术知识具有意会性、整合性和程序性的特征。⑤ 肖峰则借助于社会建构论的思想，认为技术认识过程中必定贯穿着社会性的建构活动。他将认识的一般过程与技术认识的特殊性结合起来，可以将技术认识的认识过程中的观念活动分为三个主要的阶段：技术任务的提出、技术设计的进行、技术后果的评价。而这一系列认识活动都是由社会触发、推进和约束的，与特定的社会环境相关，即都

---

① 潘天群：《技术知识论》，《科学技术与辩证法》1999年第16（6）期，第32—36页。

② 王大洲：《论技术知识的难言性》，《科学技术与辩证法》2001年第18（1）期，第42—45页。

③ 高亮华：《论技术知识及其特点》2011年9月10日［2012-04-10］北京社科规划网．http：//www.bjpopss.gov.cn/bjpssweb/n28204c58.aspx.

④ 陈文化、刘华容：《技术认识论：技术哲学的重要研究领域》，刘则渊、王续琨编《工程·技术·哲学》，大连：大连理工大学出版社2002年版，第117页。

⑤ 王前：《技术产生与发展过程认知特点》，《自然辩证法研究》2003年第19（2）期，第92—93页。

是在社会建构的过程中进行。①

第三，技术认识论的理论建设。随着技术哲学研究的深入，技术认识论的研究也越来越受到国内学者的重视。在 2000 年举行的第八届技术哲学学术研讨会上，张华夏等就主张技术哲学必须研究技术发展的独特的认识论结构和独特的认识过程。陈文化等也强调技术哲学应该高度关注技术认识论及其模式问题以及技术认识论研究的紧迫性。②③ 王大洲等也强调对技术进行认识论的研究是可能的和十分必要的，并认为对技术的认识论研究应该与技术创新联系起来，技术创新研究是技术认识论的中心，技术认识论是技术创新的基础。④ 刘则渊等认为技术认识论和方法论研究主要集中于三类问题：（1）技术知识的本质、特性和结构等；（2）技术的认识结构和方法论程序等；（3）技术和技术知识的发展模式、机制与社会政策等。⑤ 复旦大学陈永红博士的论文《技术认识论探究》（2007）从技术哲学的经验转向着手，分析了技术认识的实践本性，认为技术是实践性的知识体系，在此基础上分析了技术知识和技术认识的范畴和模式。陈真君也认为技术就是知识，技术认识论就要研究技术作为知识所具有的特征，它与其他的知识间的区别，以及作为知识的技术是如何发生和发展的。⑥

工程主义倾向基于工程技术内部考察，以对工程技术知识的经

---

① 肖峰：《技术认识过程的社会建构》，《自然辩证法研究》2003 年第 19（2）期，第 90—92 页。

② 陈文化等：《关于技术哲学研究的再思考》，《哲学研究》2001 年第 8 期，第 60—66 页。

③ 陈文化等：《技术哲学研究的"认识论转向"》，《自然辩证法研究》2003 年第 19（2）期，第 87 页。

④ 王大洲等：《走向技术认识论研究》，《自然辩证法研究》2003 年第 19（2）期，第 87—90 页。

⑤ 刘则渊、王飞：《中国技术论研究二十年（1982—2002）》，刘则渊、王续琨编《工程・技术・哲学——2002 年技术哲学研究年鉴》，大连理工大学出版社 2002 年版，第 90—100 页。

⑥ 陈真君：《技术认识论研究》，《新学术》2008 年第 4 期，第 238—242 页。

验分析为基础，虽然意识到了技术认识的主体之一（工程师）具备单纯的工程技术知识是不够的，需要反思工程师的社会伦理责任和对技术的社会角色进行评估，但还是没有认识到工程师本身就是社会中的人，技术认识已经包含了社会因素；在对技术知识进行分析的过程中，强调了技术知识与科学知识的不同，突出了技术知识的实践特性，但没注意到技术认识的动态过程。借助于科学哲学的分析框架和方法来研究技术认识论问题，有其必要性和优势，但这种类比也会造成对技术认识自身的独特性认识不足。邦格认为技术是"科学的应用"，皮特虽然一再强调要形成技术哲学自己的研究领域，强调对技术哲学基础理论的研究，并提出了被阿尔钦誉为"一个成功的技术认识实践模式"① 的 MT 模型，但是他把技术认识论与科学认识的过程进行类比，则有些简单化，并"将认识仅视为信息过程而没有把技术认识放到整个技术、自然、社会的系统中去全面、完整的考察"②。

国内的技术认识论研究虽然取得了一定的成果，但是存在的问题也不容忽视。虽然也强调经验转向，要打开技术黑箱，但研究主体受专业和知识背景的限制，对工程技术实践的认识有限，影响了经验转向的深入和技术黑箱的打开。创造性成果少，虽说与国内外技术哲学研究的诞生时间相差并不是很远，但是在原创成果上的差距依然明显。研究水平不高，经历了从分析技术认识与科学认识的区别和联系到强调技术认识论研究的重要性的阶段，但对建立技术认识论的理论体系有重要影响的学术成果较少。

1.2.3.2 当代技术认识论研究的其他路径

相对于工程主义从技术自身着眼，以工程技术的方式来理解其他类型的思想和行为，其他路径则倾向于把技术看作一个整体，从

---

① D. Allchin. Thinking about Technology and the Technology of "Thinking about". Techné, 2000, 5 (2).

② 陈其荣：《当代科学技术哲学导论》，复旦大学出版社 2006 年版，第 388 页。

技术外部着眼，以非工程技术的观点来理解技术的意义，如人文主义路径，现象学路径，社会建构论路径等。

人文主义路径对技术，尤其是现代技术采取了一种批判的态度。法兰克福学派的社会批判理论是其中的典型代表之一，被拉普视为技术哲学研究的四个维度之一。①

霍克海默（M. Max Horkheimer）和阿多诺（Theoder Wiesengrund Adorno）认为，现代科学技术知识在使人类摆脱愚昧的同时，却又追求对自然的统治，这样的知识成为利用和统治自然的工具，因此，人类虽然获得了对自然的支配，但人并没有得到解放。随着科学技术的发展而发展起来的"文化工业"剥夺了个人的自由选择，具有操纵意识的作用。马尔库塞（Herbert Marcuse）和哈贝马斯（Jürgen Habermas）集中批判了人类的技术理性。马尔库塞更认为"技术理性"本身就具有意识形态的作用，技术不再是中立的，而是对自然和人的统治。② 技术进步已经成为被普遍接受的规范，在技术的媒介作用下，文化、经济和政治都并入了一个无所不在的系统，这一系统拒斥不同的意见，社会成为单向度的社会，人成为"单向度的人"③。哈贝马斯认为科学的目的并不是为了获得在技术上有用的知识，但是客观上却提供给我们的是"可作为技术使用的知识"④。这种工具理性（技术理性）把自身与权力等同起来，而放弃了批判的力量。⑤ 安德鲁·芬伯格（Andrew Feenberg）则不满意前辈们对技术"或接受或放弃"的简单态度，提出了富有建设性的技术民主化理论，强调了"技术编码"在技术认识中的关键作用。要改造技术，必须首先改造技术理性（即"技术编码"），改变人的认识。技术编码是指"反映了广泛存在于技术设计过程

① 拉普：《技术哲学导论》，辽宁科学技术出版社 1986 年版，第 3 页。
② 马尔库塞：《单向度的人》，上海译文出版社 1989 年版，第 7 页。
③ 同上书，第 26 页。
④ Habermas. *Knowledge and human interests*. London：Heinemann, 1972. 191.
⑤ 哈贝马斯：《现代性的哲学话语》，译林出版社 2004 年版，第 362 页。

中的占统治地位的价值和信仰的技术特征"。技术的形成除了追求效率以外，还有许多其他因素在起作用，技术编码就是一定时期的技术因素和社会因素的综合体，"技术编码结合了工具理性和价值理性两种类型的因素"①，技术的形成并不是中立的，它总是带有居于统治地位的价值规范上的倾向性。不仅如此，与文化一样，这些代码通常并不会被意识到，因为它们似乎是不言而喻、不证自明的。"技术编码是技术理性的统治形式，具有日常生活中普遍的、文化上的意义。这种统治形式既非一种意识形态，也非一种由技术的'本性'决定的中性需要。相反，它介于意识形态和技术的界面，在那儿这二者结合起来去控制人和资源。批判理论表明这些编码无声无息地在规则和程序、装置和人工物中沉积了价值和利益，这些价值和利益使人们通过一种占主导地位的霸权使对权力和利益的追逐规范化。"②

温纳、费雷和米切姆等人文主义者也认识到了人类的理性应该是多样化的，对当下技术的异化，人文精神的丧失，他们强调要恢复技术的价值理性，限制技术的工具理性。温纳提出以技术民主化来塑造技术，费雷认为后现代技术应强调人类的整体利益，米切姆则认为四种技术类型可以相互结合。

兰登·温纳（Langdon Winner）是当代美国活跃的技术哲学家，继承和发展了埃吕尔的技术自主思想③，也从马克思的技术异化思想中获得了有益的启示，"卡尔·马克思关于劳动、制造和机器的著作，包含着可以发展出自主的主题的章节，或者用马克思喜欢的表述：异化的技术"④。温纳认为技术已经成为人们

① Andrew Feenberg. *Transforming Technology*. Second edition of Critical Theory of Technology. Oxford：Oxford University Press，2002. 49.

② Ibid. ，p. 14.

③ 梅其君：《埃吕尔与温纳的技术本质观之比较》，《自然辩证法研究》2006 年第 22（8）期，第 43—46 页。

④ Langdon Winner. *Autonomous Technology：Technics – out – of – Control as a Theme in Political Thought* . Cambridge：The MIT Press，1977. 36.

的生活方式，"在现代技术发展的过程中，个人习惯、理解、自我概念、时空观念、社会关系、道德和政治界面都被强有力的重构"①。从整体上看，技术演进具有自我增长的特性，只要条件具备，技术就能迅速扩张，从而超出人类的控制，并且人类正处于"技术梦游"中，"我们如此心甘情愿的在人类生活条件重组的过程中梦游"②。尽管如此，温纳仍然认为控制技术是可能的，在他看来，技术设计、技术应用、技术管理等领域完全可以而且应该更多的实现民主化，普通公民有权参与到重大的技术决策过程中，塑造技术。

美国学者费雷（Frederick Ferre）是后现代主义认识论代表，他强调技术是知识和价值的综合体，而不单纯是思想的具体化。"技术一直是事实与价值、知识与目的的有效结合的关节点。两方面都应算作技术的必要条件，二者缺一不可：从一方面，如果缺少了知识，不管我们如何热切地希望达到某种目的，也无法制造出实现这些目的的工具；从另一方面，如果缺少了价值，我们将永远不会产生出使用知识的动机。可以说，价值和知识是每件人工产品的基本成分。"③ 现代技术的异化的原因在于技术理性和人文精神的分离和对立，要消解这种对立，使人类摆脱由技术所造成的困境，就必须彻底改造技术理性得以产生和存在的文化基础，重构知识与价值的关系。在技术哲学的领域，必须建立一种后现代的技术理论观，着眼于人类的整体利益才能解决技术悖论。

米切姆认为，技术是"人类使用和制作物质产品的各种形式

---

① Langdon Winner. *Autonomous Technology*：*Technics – out – of – Control as a Theme in Political Thought* . Cambridge：The MIT Press，1977. 9.

② Langdon Winner. *The Whale and The Reactor*. Chicago：University of Chicago Press，1986. 10.

③ 费雷：《走向后现代科学与技术》，见格里芬编《后现代精神》，中央编译出版社 2005 年版，第 200 页。

和各个方面"①，或者简单地说就是"人工物的制造和使用"②。他把技术的界定归纳为四种类型：技术作为人工物，技术作为知识，技术作为行动或过程，技术作为意志。③ 作为人工物的技术是技术的最直接而非最简单的形式，囊括了人类制造出来的所有物质人工物，"不同的物理和形式风格使得技术物体呈现出微弱的多元化"④。关于人工物的制作和使用的真实信仰可以通过对技能、格言、法则、规则或理论的诉求来验证，并产生了各种不同种类的作为知识的技术。"作为活动的技术是知识和意志联合起来使人工物得以存在或让人使用的关键事件，同样它也是人工物影响思想和意志提供的机会"⑤。技术是与不同种类的愿望、动力、动机、渴望、意图和决策相联系的，但是由于意志的个体化和主观性，意志中的主观意图和客观意图之间的对应问题以及对意志的自我理解和水平问题，作为意志的技术首先可以展现为一种通常的努力，其次是作为自我确认的投影。米切姆认为对技术做出这四种类型的分析是合适的，"这种框架比其他的框架更完备，它开始描绘和欣赏技术的丰富哲学内涵。"⑥ 但是在很多时候技术却被不合适的划分为某一种形式，尽管"在一个'完整的'技术所表现出来的四种模式中，人们可以假设这些理论上的以及有时是实践上的各种技术相重叠的可能性"⑦。

人文主义倾向对技术采用了较为宽泛的界定，但是由于缺乏对技术本身的认识，使得对现代技术的反思停留在否定的层面，尽管

① 卡尔·米切姆：《技术的类型》，见邹珊刚主编《技术与技术哲学》，知识出版社 1987 年版，第 248 页。
② 卡尔·米切姆：《通过技术思考》，辽宁人民出版社 2008 年版，第 1 页。
③ Carl Mitcham. *Thinking Through Technology：The Path between Engineering and Philosophy*. Chicago：The University of Chicago Press，1994. 160.
④ 卡尔·米切姆：《通过技术思考》，辽宁人民出版社 2008 年版，第 245 页。
⑤ 同上书，第 283 页。
⑥ 同上书，第 367 页。
⑦ 同上。

米切姆在《通过技术思考》一书中对工程文本展开了分析，但他依然认为这并不是必需的，"第二部分的章节有意沉迷于工程文本的细节，虽然既不必须这么做，而且本身做得也不够足，这样近距离的、并且延伸地参与到工程对话当中确实是对潜在的工程学批判，即批判人文主义没有严肃的对待工程学而做出回应"①。

现象学的方法也被应用到技术哲学的研究中，从早期的海德格尔到当代的伯格曼和伊德，针对不同的技术问题展开了现象学的研究。

美国学者阿尔伯特·伯格曼（Albert Borgmann）认为，对技术的反思不能始于对技术的预先设想或神话，必须建立在对现代技术的复杂性和丰富性的适当的经验性描述上。技术在现实世界中存在，是在现实世界的具体情景中存在，已经成为人们的生活方式和文化力。技术人工物并非单纯的实体，而是"装置范式"，"人造物之中既有物的因素，也有人的因素，是人的因素与物的因素，即人的意向性与客观世界的规律性相互碰撞的结果，人造物并非实体性范畴，而是关系性范畴，对人造物的理解需要有思维方式的转换"②。"装置范式"一方面反映了当代人们着重于技术的实用性、工具性用途的现象；另一方面表明现代技术在形成之后，成为决定人类和社会行为的社会存在，塑造着人们的生活模式。伯格曼认为，信息可以分为自然信息（关于现实的信息）、文化信息（为了现实的信息）和技术信息（作为现实的信息），但是在当代的文化景观中，技术信息不只是作为文化的一个层次，而成了一种泛滥，危及着原来的自然信息和文化信息③，并且技术信息产生的"超现实"使人们与现实相脱离，"超现实"替代了现实，造成了现实的

---

① 卡尔·米切姆：《通过技术思考》，辽宁人民出版社 2008 年版，第 366 页。

② 舒红跃：《面向技术事实本身》，《自然辩证法研究》2006 年第 1 期，第 57—61 页。

③ Albert Borgmann. *Holding On to Reality：The Nature of Information at the Turn of the Millennium*. Chicago：University of Chicago Press，1999. 3.

窒息和湮灭①。人类一方面要技术化地生存，同时也要自由地生活。所以，我们应该正视技术信息，保持自然信息、文化信息与技术信息的平衡是人类生活必要的选择。

美国学者唐·伊德（Don Ihde）以海德格尔和梅洛庞蒂等前人的思想为基础，细致分析了技术在人与世界的认识关系中的地位和作用，他一方面把技术作为一个概念引入哲学理性的层面；另一方面把技术作为现象学反思的主题。伊德认为，人不仅具有梅洛庞蒂意义上的"身体1"（生命的机体）和福柯意义上的"身体2"（文化的机体），更具有"身体3"——技术建构起来的身体，"我们的身体体验是对于技术建构起来的身体的体验"②。身体范围内的知觉为"微观知觉"；借助于技术所实现的知觉为"宏观知觉"，"两种都属于生活世界，两种知觉的范围相互连接和渗透。"③人不能完全脱离技术来感知世界，人对世界的知觉通过技术得到扩展。人对世界的认识不仅要通过反思，更要通过技术。技术成了人的身体和语言的延伸，在本质上是对知觉的转化。人与技术的关系有四种：体现关系、解释关系、他者关系和背景关系。

首先，体现关系是人与技术之间的最基本、最常见的关系，人所获得的知觉是通过技术实现的，人类的经验被技术的居间调节所改变，人类与技术融为一体。"体现关系克服了人类与技术之间关系的机械主义和主观主义倾向，打破了主体与客体之间清晰的界限，技术不仅仅是一种工具，而是人造物与使用者的一个共生体"④。其次，解释关系体现了人类语言的延伸，我们对世界

---

① Albert Borgmann. *Holding On to Reality*：*The Nature of Information at the Turn of the Millennium*. Chicago：University of Chicago Press，1999. 213.

② 杨庆峰：《物质身体、文化身体与技术身体》，《上海大学学报》（社会科学版）2007 年第 14（1）期，第 12—17 页。

③ Don Ihde. *Technology and the Life world*：*from Garden to Earth* . Indiana University Press，1990. 29.

④ Don Ihde. *Bodies in Technology*. Minneapolis：University of Minnesota Press，2002. 81.

的知觉需要对技术显示出来的数据进行解释，世界类似于一个文本，工具是现象的解构者，人类所能直接感知到的是工具的可视化形式而不是世界本身的状态，因而获得的经验是间接性的。"它是一种告诉我们关于某物某些东西的'文本'，而它所讲述的现象必须由使用其自己语言的有常识的人来阅读。"[①] 再次，背景关系表明现代社会中，人与技术的关系越来越表现为一种机器背景的特征，人类被技术人造物包围着，人与技术之间是一种瞬时的操作关系，技术在人与世界的关系中并不明显，而是退到了幕后，作为一种背景在起作用。最后，他者关系指技术在使用中成为一个完全独立于人的存在物，成为一个他者，"机械实体变成了人类与之相关联的一个准他者或准世界"[②]，人不是通过技术来知觉世界，而是单纯与技术发生关系，知觉的目标是技术本身。

当代现象学传统的技术哲学研究已经脱离了从总体上看待技术的传统，他们首先接受和承认技术，在此基础上，将技术哲学向更深层次延伸和发展。正如皮特所说，"在过去，技术哲学的很多工作是'技术'对人类价值（通常诉诸人类存在的某些理想的乌托邦状态）的影响（一般总是消极的）。哲学家现在开始研究特殊的技术是如何从物质和观念上影响我们生活的。"[③]

技术的社会建构论形成于 20 世纪 80 年代。尽管不同学者的研究方式不尽相同，但他们均是以建构主义的方法来研究技术的社会形成。他们认为，技术认识和人工物不再是发明家个人的成果——虽然也强调关键的建构者，而是社会多重因素共同作用的结果，是"集体智慧的结晶"。技术的设计过程也就是由不同的社会角色参

① Don Ihde. *Technics and Praxis：A Philosophy of Technology.* Dordrecht：Reidel Publishing Company，1979. 35.

② Don Ihde. *Bodies in Technology.* Minneapolis：University of Minnesota Press，2002. 81.

③ Joseph C. Pitt，eds. *New Directions in the Philosophy of Technology.* Netherlands：Kluwei Academic Publishers，1995. vii.

与开发技术的过程，公司的所有者、技术人员、消费者、政界领袖、政府官员等等，都有资格成为参与技术的社会角色，致力于确保在技术设计中表达自己的利益。技术认识的内容反映的是整个社会，"我们的技术反映我们的社会。技术再生产并包含着专业的、技艺的、经济的和政治的因素的相互渗透的复杂性。……'纯的'技术是没有意义的。技术总是包含着各种因素的折中。无论技艺被何时设计或建构出来，政治、经济、资源强度的理论、关于美与丑的观念、专业倾向、嗜好和技能、设计工具、可用的原材料、关于自然环境的活动的理论，所有这些都被融入其中。"[①] 技术认识是在互动的过程中形成的。不同参与者之间不断地"协商"是建构技术认识的过程。"他们的目的是想表明并比较对相同问题的不同观点及其讨论；权衡各种观点及对它们的批判，通过讨论走向清楚并有说服力的概念。……商谈这个概念所意味的是，商谈是许多讲话者和听众利用共同的语言所形成的语言学意义上的一系列话语或文本，这些讲话者和听众，轮流作为讲话者和听众，不断互相反馈以推进持续的商谈……"[②] 正是在这样的协商过程中，个体知识不断的外化为公共知识，公共知识不断的内化为个体知识，人与世界、客观与主观、个人系统与社会系统等之间不断地互相转化，而实现更高的目的。

社会建构传统反对技术决定论，也反对社会决定论，而强调技术与社会之间的建构性，主张追随行动者。他们的这一立场看似赋予了社会因素和技术因素同等的地位，但是由于人类行动者和非人行动者之间的差异，研究方式也必然不同，人可以通过语言等互动方式认知，而物则需要以人为中介才能认知，实际上并不具有真正的同等的地位，正是对这种差别的抹杀，建构论并不能实现其目

①　Bijker, Law. *Shaping Technology/Building Society*, *Studies in Sociotechnical Change*. MA: MIT Press, 1992. 4.

②　Ernest. P. *Social Constructivism as a Philosophy of Mathematics*. Albany: State University of New York Press, 1998. 1.

标，反而成为"认识论的鸡"①。

1.3　研究思路与方法

如前所述，技术认识论作为技术哲学研究体系的支柱之一，理论体系尚不完备，国内外的学者正在从不同的角度进行着研究，采用的方法和目标取向也各不相同，但大家都只关注现成的，处于成熟形态的技术认识。"传统的认识论往往只顾到高水平的认识，换言之，即只顾到认识的某些最后结果。"② 当然，对技术认识做静态的分析是技术认识论的应有内容，但仅此是不够的，因为技术认识与其他认识形式的不同之处在于它具有突出的实践倾向，所以，还需要对技术认识做动态的分析。解析技术认识就是为技术认识论的研究寻找一个逻辑起点，所以必须以马克思主义哲学的基本原理为基础，结合技术哲学"经验转向"的现实要求，突出技术认识的实践倾向。当然，突出技术认识的工程实践基础，并不是意味着对技术认识做单纯的工程学分析，也不意味着放弃对技术认识的人文反思。因此，解析技术认识就会涉及以下四个方面的问题。

第一，何为技术认识，技术认识的基础是什么。我们认为技术认识具有两重含义。一是指采用一定的技术手段、工具所进行的认识活动，作为活动过程的动态技术认识由认识主体、认识客体和与主体相融合的认识手段和工具组成。二是指活动所得到的成果是技术性的，如技术规则，从而区别于非技术认识。作为成果的技术认识是以经验形式存在的个体知识和以技术理论、技术方案、技术规则等形式构成的共享知识两部分。除此之外，还需要对技术知识的形成过程，也就是作为活动过程的技术认识进行深入的分析。

---

① 刘鹏、蔡仲：《从"认识论的鸡"之争看社会建构主义研究进路的分野》，《自然辩证法通讯》2007 年第 29 （4） 期，第 44—48 页。

② 皮亚杰：《发生认识论原理》，商务印书馆 1981 年版，第 17 页。

第二，动态技术认识的过程。要分析技术认识，就不能停留在对技术认识仅做整体的规范性考察和批判，而是要深入工程技术内部，分析技术活动过程，并做出描述性的阐述。对动态技术认识的研究，不仅要分析活动过程的不同阶段，还需要具体分析不同阶段中所涉及和形成的知识以及它们的演变和整合。技术活动的起始阶段为技术问题，那么技术问题是如何形成的，它包含有怎样的知识，它在技术活动中的地位和作用等问题就需要做出细致的分析。技术设计是技术活动中的核心阶段，在技术问题形成之后，设计是如何进行的，如何将技术知识形象化的，其中包含哪些知识，有哪些不同的方法等问题就需要做出细致的分析。技术设计通过制作就会物化为技术人工物。技术人工物出现之后，就进入使用阶段，使用者通过技术人工物与自然发生关系，在此过程中，技术人工物可以起到多种不同的作用，但它们并不是使用者关注的重点，除非其功能出现失常，因此，使用过程是技术认识不断背景化的过程。

第三，技术知识的静态剖析。技术认识的形成过程是与科学认识等其他认识形式不同的，技术知识当然也与科学知识不同。一般可以把知识界定为"被证明为真的信念"，但是技术知识显然不能采用这一界定，因为技术知识并不是为了求真，其主要判定标准是"是否有效"。因此，不能把技术知识混淆于科学知识中，而需要明确技术知识的实质和基本特征。一个命题何以被认为是技术知识，需要在逻辑上必须加以明确。在一个具体的技术人工物形成的过程中，都会涉及各种不同类型的技术知识，因此，选取一个典型的案例进行分析，对把握技术知识也是有益的。

第四，技术认识的情境性。具体的工程技术活动都是在一时一地，在一定条件的实践活动，因此，技术认识不是抽象的，而是具体的。具体的技术认识所涉及的因素众多，除了技术因素以外，还包括自然条件、社会经济政治制度、社会管理方式、风土人情等，一般我们把技术因素以外的其他因素称之为技术认识的情境。具体的技术活动好像是把技术嵌入某一情境，技术与其情境之间是可以明确区分的，但是在具体的技术活动中，把技术因素与自然因素以及社会因素区分开是困难的，技术因素必须与其他因素融合在一起才能发挥其功能。

为了使本书能与技术哲学的"经验转向"相结合，言之有物，而不流于空泛，笔者采用研究方法主要有：（1）文献研究法，仔细研读国内外相关研究文献，尤其是认识论研究的经典文献和当下最新的技术认识论理论成果，把握认识论研究的根本问题和当前技术认识论研究已经达到的程度；（2）逻辑与历史相统一的方法，把考察动态技术认识的过程与分析技术认识的内在机制和规律结合起来；（3）理论分析与经验描述相结合的方法，技术认识论本身就是一个理论问题，结合当下技术哲学的经验转向，对技术认识的分析需要充分的经验基础，因此需要对具体工程技术设计过程中的技术认识过程做出经验描述和理论分析。

1.4　研究的创新点

技术认识论的研究尚处于初级阶段，本书在其他学者已有的研究基础上，以实践论为基础，结合技术哲学的经验转向，试图对技术认识本身做出较为深入的分析和反思，为技术认识论的研究寻找一个稳定的基础，这是一个新的研究尝试。正如爱因斯坦说过，"提出一个问题往往比解决一个问题更重要，因为解决一个问题也许仅是一个数学上的或实验上的技能而已。而提出新的问题，新的可能性，从新的角度去看旧问题，却需要有创造性的想象力，而且标志着科学的真正进步。"① 在具体研究中还有如下几个创新点。

第一，以实践论为基础，明确提出技术认识具有双重含义：（1）作为认识活动的技术，或通过技术活动来认识；（2）认识所得到的成果是技术性的。技术认识既是一个动态的过程，也是这个动

① 爱因斯坦：《物理学的进化》，上海科学技术出版社 1962 年版，第 66 页。

态过程的结果。

第二，根据技术认识活动的周期，把动态的技术认识区分为三个阶段：（1）技术问题是技术认识的起点和主线；（2）技术设计是技术认识的形象化；（3）技术使用是技术认识的背景化。

第三，依据技术活动的过程，将技术知识的类型区分为四种：物理性质知识，功能性质知识，手段—目的知识，行动知识。

第四，本书明确提出技术并不单纯，纳入了相应的社会情境因素。情境是技术的内在构成部分。同时，技术作为技术—社会系统还是嵌入了外在的更大的社会情境之中。

第2章 何为技术认识

　　技术，是人类社会司空见惯的现象，我们可以列出数不清的属于技术所指称的对象。技术是什么？却很难用一个简单的定义来回答。分析技术认识，首先要做的就是给技术做出一个必要的合适界定，然后对技术的认识论传统做出必要的梳理，最后才是深入分析技术认识的本质内涵，为后续的探讨建立一个统一的逻辑起点。

2.1　何为技术

　　何为技术？乍看之下，这个问题很好回答，因为随时随地我们都能遇到技术装置和技术规范，并且它们已经成为人类生活的一部分，与天然自然相比，它们是人类生活的第二自然。但是，一旦要对技术做出清楚明晰的界定，困难就来了。技术本身就包含着多重的决定性因素，同其他具有高度概括性的概念，如"科学""政治""社会"等概念一样，很难给出一个能被公认的定义。然而，给技术做出一个合适的界定是研究技术认识的前提。根据当下对技术的一般理解，我们不能给技术做出一个新奇的界定，分析其他学者从不同角度所做出的界定，并在此基础上给出一个合适的界定也是必要的。

2.1.1　技术指涉对象的丰富性
　　在哲学的研究历程中，对技术的反思一直都不是学者们关注的主流，但一些思想家也从不同的角度给予了一定的关注。最早对"技术是什么"这一问题进行探讨始于古希腊，让—伊夫·戈菲（Jean-Yves Goffi）认为在柏拉图的著作中可以获得关于技术哲学的"三重遗产"，"技术的评价，技术人类学，技术本体论"①。亚里士多德（Aristotle）则最先专门讨论了技术，"技艺和与真实的制作相关的合乎逻各斯的品质是一回事。所有的技艺都是使某种事物生成。学习一种技艺就是学习一种可以存在也可以不存在的事物生成的方法。"② 并且亚里士多德把科学与技术做出了明确的区分，认为科学是知识，而技术则是与人的实际活动相关的技能。这就是"技术"的最初含义：技能。随着第一次工业革命的发生和深化，生产方式由工场手工业转变为机器大工业，这一现实为"技术"这一概念增加了新的指称对象，技术又纳入了工具、机器及其使用方法和过程这一层意义。在《百科全书》中，狄德罗（Denis Diderot）第一次给技术做了一个明确的界定：为了完成某种特定目标而协作动作的方法、手段和规则的完整体系。随着机器和工业应用在社会生产中占据着主导地位，技能的作用被严重的削弱了，技术逐渐变为机器的制造和使用过程，技能这一层意义隐退了，以至被认为技术就是机器设备等没有生命的装置，或者是具有特殊生命、有组织的、以代替人来完成并由人来确定的操作的特定装置。但是，隐退的技能并没有完全被遗忘，于是技术便有了两层意义：一是人类活动的方式，即技能；二是代替人类活动的装置。随着工业革命的深入，科学知识在社会生产过程中的作用越来越大，1777年，德国哥廷根大学的经济学家贝克曼（Johann Beckmann）把知识纳入技术的定义中，认为技术是指导物质生产过程的科学或工艺知识，这种知识清楚明白地解释了全部操作及其原因和结果③。此

①　让—伊夫·戈菲：《技术哲学》，商务印书馆2000年版，第33页。
②　亚里士多德：《尼可马科伦理学》，商务印书馆2003年版，第171页。
③　陈凡、张明国：《解析技术》，福建人民出版社2002年版，第2页。

后，技术的意义里面又增加了一层，人们对技术的理解又向前迈进了一大步。随着科学成为技术的先导，现代技术诞生了，技术不单是指主体的技能，还与机器装置及其使用方法和过程联系起来，并且与科学、自然、社会和文化等紧密地联系在一起。因此，简单明确的定义都不能完全涵盖现代技术的本质，在对技术的研究过程中，就出现了多种多样的定义，没有哪种界定适用于每一个独特的情形。

在现代技术条件下，我们也可以把技术理解为技能，即人类行为的一套确定的程序。在最简单的意义上，它是指可以学习的技巧，如开车的技能、拉小提琴的技能、滑冰的技能等；即使是那些综合行为的复杂过程，也是受规则制约的，要实现一定的目的，因此也依赖于一定的技能，如电厂和自动生产线的技术。根据这样一个范围，在不精确的意义上，我们可以把与这些步骤相关的所有对象都归于"技术"。这些对象或者被用于技术过程中，如工具、机器、装置等，或者作为这些技术过程产出的结果，如半成品或者成品。因为技术行为的有效性很大程度上依赖于所使用工具的类型，并且工具自身也是其他技术过程的产物，所以，工具既可以被当作技术的产物，也可以被当作技术的对象。

继续深入的考察技术作为有效的、以目的为导向的行为，就会发现两种情况，技术可以作为生产的知识和当下的执行。这两个方面是密切相关的，因为对于一个复杂的技术过程而言，仅有操作的规则是不够的，作为先导的理论知识是保证这个实践行为成功的必要条件。对理论知识的需要使得技术更加靠近科学。实际上，现代技术的发展与工程科学的发展和科学方法的运用是很相关的。在很多领域，如通信技术和数据处理技术中，如果缺少了相应的理论基础，技术的存在状态是不可想象的。但是，在其他领域，如建筑业、采矿业以及机器设计过程中，技术更多的是依赖于在实践中被证明过的传统操作规则，而不是以科学知识为基础的理论。

复杂的技术行为通常也是一个社会行为过程，有着或大或小的组织参与。随着劳动分工的深化，个体和组织的专业化程度不断提高，无论是技术研究，或是生产，还是产品的使用中，要保障技术的高效性，就需要协调好不同个体和组织之间的合作。技术产品最终都是消费品，所以，技术作为一个整体，它是社会行为的结果。如果我们扩大考察的范围，就会发现技术是如何嵌入它的社会情境中的。比如汽车，它就必定包含原材料和汽油的生产和运输、维护和修理、道路的建设和对环境的影响。正如拉普所说，"技术的影响通常会关涉到整个社会，因为无论是在私人领域、职场、社会结构、组织的分工、甚至是价值观的形成，都是直接或者间接的通过技术的生活方式。"①

如果我们不关注技术的过程，而仅关注其构成材料，就会认为技术只是自然过程的结果。然而这些技术过程都是人工的，因为没有人的参与，技术对象和过程是不会出现的，其自然性是指它必须遵守物质世界的自然规律。所以，对技术的界定很大程度上依赖于在何种意义上来做出界定，是从它的行为过程，或是它的物质基础，还是其他被关注的方面？

2.1.2 技术的主要存在形态

如上所述，不同的研究者在谈到技术时，所指称的意义在很大程度上是不一样的，因此，我们除了要分析"技术"的广阔外延以外，还需要凝聚"技术"的内涵，把它从丰富的指称对象中分离出来，探讨"技术"究竟有哪些存在方式。

提到技术，最先映入脑海的应该是工具、机器、装置和各种消费品这些物质性的实体，诸如手机、汽车、卫星。这种实体形态的技术人工物的是打上了人类痕迹，被赋予了人类意向和目的的实存物。人工物与自然物不同，自然物是人类还没有认识和改造的自在

---

① Friedrich Rapp. *Analytical Philosophy of Technology*. Dordrecht: D. Reidel Publishing Company, 1981. 32—33.

之物，是天然自然的一部分，而人工物则是人类认识或改造过的存在物，是人工自然的一部分。实体形态的技术是技术的最直接表现形式，通过它可以明显地看到技术。当然，我们所讨论的实体形态的技术是不包括社会技术的，如书法，虽然它既可以书写在宣纸上，也可以投射到屏幕上，从而表现出一定的物质形态，但书法还是不同于螺丝刀的。

　　实体形态的技术人工物，其范围是广泛的，类型是多样的。米切姆认为作为物体的技术主要有八大类：衣物、生活器皿、建筑物、仪器、工具、机械、自控装置。① 这八大类的技术人工物，根据其使用目的，还可以区分为三种有相互重叠的类型：做或者操作的工具，用于艺术或者用于宗教的物体，用于玩耍或者游戏的物体。② 宗教活动也包括做或者操作，所以宗教的某些物体也可以是操作的工具。有玩具参与的游戏既可以看作是某种艺术活动，也可以构成某种宗教活动，并且玩具也可以是对实体形态技术的模仿。面对人工物的广泛范围，把实体形态的技术按照种属来划分也是很有意义的。一些人工物在种的意义上属于玩具，而在属的意义上则属于高级层级中的一部分，作为操作的工具、艺术或宗教物体和玩具在属的意义上都可以作为实体形态的技术。

　　按照不同的功能，实体形态的技术可以做出不同的类型区分。同样，按照不同的结构，同样功能的实体技术也可以区分为不同的类型。如被称为"中国靴子"的马镫，是一对挂在马鞍两边的脚踏，其基本功能是供骑马人在上马和骑乘时用来踏脚的马具。但是在不同的时代和不同的地区，它的结构是很不一样的。所以，实体形态的技术尽管在基本功能上是一致的，但在物理层面上，根据其物质和装饰的不同而可以区分为不同的类型。当然，这种类型的区

---

① 卡尔·米切姆：《通过技术思考》，辽宁人民出版社 2008 年版，第 216—217 页。

② 同上书，第 218 页。

分还包含着使用情境和文化氛围的不同。

从词源学上看，技术（technology）恰恰被认为是知识，知识也是技术的一个主要存在形态。知识形态的技术，包括技巧、技艺、技术格言、描述性规律或技术规则、技术理论。知识形态的技术研究的是关于人工物的制造与使用的知识，不关涉到人工物的制造和使用的知识不属于技术知识的范畴，所以作为知识的技术必须是关于人工物的结构、功能、自然属性或功能意向的知识。邦格认为，技术是"人工物的科学研究……或者根据科学的知识对人工物的设计、创造、操作、调整、维护和监控的知识领域。"① 但是对于知识形态的技术之间的区分则存在着众多不同的观点。（1）知识形态的技术可以是感官运动的技能，这种技能是"知道怎么做"，而不是"知道某个对象"，获得这种技能只能通过反复的练习而悟到，因此，它不是理论化和体系化的知识，而是个体化的经验。（2）知识形态的技术可以是操作规则，邦格称之为"拇指规则"，米切姆认为这些规则"构成了最初成功的连贯制作和使用技能的尝试"②，比如煮米饭，成功的操作规则是，把淘净的米放入锅内，加适量的水，然后煮20分钟。（3）知识形态的技术还可以是描述性规则，也就是经验法则，它是直接从经验中归纳总结的，虽然暗合了相应的科学原理，但并没有应用到它们，也没有经过系统整合。（4）知识形态的技术还可以是技术规则和技术理论，按照邦格的说法，技术理论有两种类型：实体性理论即科学理论的现实应用，操作性理论即人机复杂体的操作③。

当然，知识形态的技术所表现出来的这四种类型还可以进一步区分为两种类型：经验形态和理论形态。前三种——感官技能、操

---

① Carl Mitcham. *Thinking Through Technology*：*The Path between Engineering and Philosophy*. Chicago：The University of Chicago Press，1994. 197.

② Ibid.，p. 193.

③ 马里奥·邦格：《作为应用科学的技术》，见邹珊刚主编《技术与技术哲学》，知识出版社1987年版，第49—50页。

作规则、描述性规则——显然属于经验形态，也是前现代技术的知识形态；第四种技术规则和技术原理则是现代技术的核心，不过经验形态的技术知识也是现代技术的知识中的必要组成部分。

　　知识形态的技术既然属于知识的范畴，那么它也应该与知识的定义相关，传统的西方认识论认为知识是"被证明为真的信仰"，技术知识就是"被技能、格言、法则、规则或理论证明为真的关于人工物的制作和使用的信仰"①。早些年，米切姆还把技术知识区分为四个层面：（1）对如何制造和使用人工物的不自觉的感觉运动的认识；（2）技术准则或前科学工作的经验法则；（3）描述性定律、列实用图表式的陈述；（4）技术理论②。

　　尽管提到技术时，人们最先想到的是技术的实体形态和知识形态，但活动过程才是技术的主要形态。何以如此？因为正是这种活动过程，才使得知识形态和实体形态的技术结合起来，制造和使用人工物，满足人的需要，完成技术的目的。动态过程的技术即作为行动或过程的技术，与人的行为相关，"技术作为活动是这样一个关键的事件发生过程：在活动之中知识和意志一起创造人工物或对人工物加以利用。"③

　　在古希腊，亚里士多德就根据事物变化的根源是内在的还是外在的，区分了两种形式的技术活动：培育和建构。培育是自然过程的助手，帮助自然更完美或者更丰富的产出它所能产出的东西，如医疗和农业耕作，医疗是帮助人恢复健康，农业耕作是帮助农作物结出更多更好的果实；建构则是变革自然，制作出自然界不会自然产生的东西，如制作床，虽然其材料是树木，但自然只会长出树木

---

①　Carl Mitcham. *Thinking Through Technology：The Path between Engineering and Philosophy*. Chicago：The University of Chicago Press，1994. 194.

②　卡尔·米切姆：《技术的类型》，转引自邹珊刚《技术与技术哲学》，知识出版社 1987 年版，第 280 页。

③　Carl Mitcham. *Thinking Through Technology：The Path between Engineering and Philosophy*. Chicago：The University of Chicago Press，1994. 209.

而不会长出床。①

　　用亚里士多德的观点来看，现代的工程技术活动则主要是指建构，创造出自然过程不会产生的物体。现代工程技术的建构活动主要有发明、设计和使用。

　　相对于科学发现而言，技术发明是指创造出本不存在的事物而非找到本已存在而未被发现的事物。所以，工程师与科学家的认知程序是不一样的，发明是根据工程师的构想制作出未存于世的事物，使事物符合思想；发现则是科学家从观察已存于世的事物中得到构想，使得思想与事物相符合。当然，科学发现并不是单纯的观察就能获得的，还需要某种概念上的创造；工程师的构想要成为事实，关键在于构想在物质材料上的实现，所以，发明的本质在于构想向事实的转变，是一个运动的过程。与科学发现相似的是，技术发明也是在短时间内由个体或者团体做出。因此，与技术设计相比，技术发明更多地表现为一种非理性的偶然方式进行，而设计则是有目的的计划。

　　针对工程技术设计，米切姆界定为，"设计（来自拉丁语'designare'、'规划'）以充分的详细细节说明了一些物质客体，以使其能被制造。"② 所以，工程设计就是具体化的目的。在工程设计中，运用相关的科学知识背景，通过计算，可以最大限度地节省人力物力，而如果仅凭经验只能是费时费力。工程绘图是工程技术活动的一部分，是工程师之间相互交流的结果，也是体现在图纸上的工程技术活动。当然，工程绘图本身也是一个过程，由最初的草图到逐渐详细和专业的工作制图，直到最后的建造，在这个过程中，技工并不是延长的钢笔或铅笔，而是直接参与到创作中，尤其是在实际的执行过程中，他们会根据具体的情况修改图纸，以更好的实现预期的结果。

────────────

① 亚里士多德：《物理学》，商务印书馆 1982 年版，第 43—44 页。

② 卡尔·米切姆：《通过技术思考》，辽宁人民出版社 2008 年版，第 300 页。

使用作为技术活动过程的一个环节，一直处于技术哲学的疆域之中，却没能被技术哲学过多的关注。[①] 与制作相比，使用的含义却更宽泛，所有的制作都会用到一定的人工物，但并不是所有的使用都会产生新的人工物。具体的使用活动会涉及使用者、使用对象和使用目的。从使用者的角度看，使用活动都是以获得特定的结果为目的，从使用对象的角度看，使用活动包括制作、维修和报废。进一步分析具体的技术使用，可以得出三种不同的含义：（1）技术使用可以指此项技术的功能，如螺丝刀是用来拧螺丝的；（2）技术使用可以指此项技术功能的目的或者结果，如螺丝刀可以用来维修收音机；（3）技术使用还可以指使用此项技术的动作以完成它的功能，如用螺丝刀打开收音机的后盖。

49

2.1.3　技术的含义

通过上述的分析，技术的出现即使不比人类早，至少也是与人类同时产生的。在漫长的演化过程中，"技术"这个概念的外延和内涵都经历的重大的变化。从最初的技能，到工业革命时期的机器装置，再到 19 世纪的知识，"技术"的含义越来越丰满；随着其含义的变化，"技术"的存在形态也出现了多样化，实体形态的人工物、观念形态的知识、动态的过程均是技术的主要存在形态。社会性既是人的本质属性之一，也是技术的本质属性之一。面对技术如此丰富的内涵和外延，无法形成能被公认的统一定义也就不足为奇了，究竟能有多少种界定，是无法明确统计出来的，下列的一些比较典型的定义应该只是其中非常小的一部分。

---

① 陈多闻、陈凡：《技术使用的 STS 反思》，《自然辩证法研究》2009 年第 25（1）期，第 42—46 页。

"实现生产过程和为社会非生产性需求服务而制造的工具的总和。"①

"介于人类与自然界之间的东西。"②

"人类创造的用它来完成而没有它就不能完成任务的系统。"③

"把知识应用于实际目的。"④

"人类活动的一种形式，这种活动是一种具有创造性的、能制造物质产品和改造物质对象的、有目的的、以知识为基础的、利用资源的、讲究方法的、受到社会文化环境影响的并由其实践者的精神状况来说明的活动。"⑤

"人们在构造器物时所遵循的程序。"⑥

"制造一种产品或提供一项服务的系统知识"⑦，钱学森⑧、陈文化⑨等也都认为技术是知识。

"技术是在创造性构思的基础上为了满足个人和社会需要而创造出来的，具有实现特定目标的功能，最终起改造世界作用的一切

① 《苏联百科词典》，转引自姜振寰：《技术、技术思想与技术观概念浅析》，《哈尔滨工业大学学报》（社会科学版）2002 年第 4（4）期，第 4—7 页。

② 钱学成、乔宽元：《技术学手册》，上海：上海科学技术文献出版社 1994 年版，第 119 页。

③ 张华夏、张志林：《关于技术和技术哲学的对话——也与陈昌曙，远德玉教授商谈》，《自然辩证法研究》2002 年第 18（1）期，第 49—52 页。

④ 姜振寰：《技术、技术思想与技术观概念浅析》，《哈尔滨工业大学学报》（社会科学版）2002 年第 4（4）期，第 4—7 页。

⑤ 黄顺基、刘大椿：《科学技术哲学的前沿与进展》，人民出版社 1991 年版，第 291—292 页。

⑥ 张刚、郭斌：《技术、技术资源与技术能力》，《自然辩证法通讯》1997 年第 19（5）期，第 37—43 页。

⑦ 尹尊声、姜彦福：《技术管理：开发和贸易》，上海人民出版社 1995 年版，第 4 页。

⑧ 钱学敏：《科技革命与社会革命——学习钱学森有关思想的心得》，《哲学研究》1993 年第 12 期，第 20—28、42 页。

⑨ 禹智潭、陈文化：《技术：实践性的知识体系》，《科学技术与辩证法》1998 年第 15（6）期，第 33—35、60 页。

工具和方法。"①

"贝尔纳则把技术的起源表述为由个人所获得而由社会保持下来的操作方法、技巧。"②

"技术就是人利用对象和对象的相互作用来达到自己目的之方式和方法，是物的使用方式和方法，是在实践中利用对象的本质属性和规律的方式和方法。"③

"所谓技术，在宋应星看来是法、巧、器三者之有机结合，即工艺操作方法、生产劳动者的操作技能与工具设备的结合。"④

"技术是人类创造人工自然的装备、能力、技艺和知识。"⑤

"人类能够按照自己愿望的方向来利用自然界所储存的大量原料和能量的技能、本领、手段和知识的总和。"⑥

"技术是人类在实践活动中，根据实践经验或科学原理所创造或发明的各种物质手段（如工具、机器、仪表等）及经验、方法、技能、技巧等。"⑦

仔细分析上述典型的定义，可以发现，这些定义或者把技术界定为实体，如工具、机器、装置等物质设备；或者将技术定义为知识，经验形态的技艺技能和理论形态的系统知识；或者将技术定义为活动过程，如人们的行为、方法、过程和程序等；或者由其中多

---

① 黄顺基、刘大椿：《科学技术哲学的前沿与进展》，人民出版社1991年版，第292页。

② 陈文化、李立生：《试析马克思的技术观》，《求实》2001年第6期，第10—14页。

③ 刘奔：《从唯物史观看科学和技术——关于探讨科学和技术问题的方法论》，《哲学研究》1998年第6期，第3—8页。

④ 《中国历代名士：宋应星》（2011 - 09 - 10）（2012 - 04 - 10）. http：//www. tqxz. com/zgmr_ readme. asp？id = 171.

⑤ 黄天授、黄顺基、刘大椿：《现代科学技术导论》，中国人民大学出版社1995年版，第160页。

⑥ 丁云龙：《产业技术是什么》，《科学技术与辩证法》2002年第19（4）期，第35—39页。

⑦ 钱时惕：《当代科技革命的特点及发展趋势》，《哲学研究》1998年第6期，第3—9页。

种或两种以上的形式综合构成的社会技术系统。米切姆也在考察了几十种技术定义后，总结出四种类型的界定：技术作为人工物（object），技术作为知识（knowledge），技术作为行动或过程（activity），技术作为意志（volition）①。深入分析技术的多种定义和定义类型，会发现它们只是描述了技术的一种表现形态，侧重于技术内涵的某一方面，并不能展现技术的完整本质。要明确技术的本质，就"必须明确技术的范畴"和"技术的本质"，然而，从哲学的立场上看，技术的范畴只能是劳动过程，技术的目的是控制和掌控世界，是人类意识向自然界转移的过程。所以，我们坚持"技术的本质就是人类在利用自然、改造自然的劳动过程中，所掌握的各种活动方式的总和。"② 这一定义既涵盖了上述多种不同界定的实质内涵，也符合马克思主义认为技术是人与自然中介的思想。

如前所述，在分析技术的表现形态时，一共有三种：实体形态，知识形态和动态过程。如果将技术的知识形态分为经验知识和理论知识，那么技术的表现形态就有了四种，正是这四种形态共同构成了技术的结构。其中作为动态过程的技术是所有的技术都有的，发生变化的是其他三种形态，在不同的时代和地区，这三种形态分别担当着技术的主导要素。在古代，经验知识占据着技术结构的主导，此时的技术由经验知识、手工工具、手工经验技能和动态过程组成，即技术＝经验知识＋手工工具＋手工操作技能；在近代，随着机器制造机器的出现和发展，机器逐渐成为社会生产中的主导力量，理论知识也逐渐融入生产中，此阶段是实体技术占据着技术结构的主导，即技术＝（理论知识＋）经验知识＋机器工具＋机器操作技能；在现代，社会经历了工业化变革之后，现代技术过程中更加突出了技术理论和知识的重要地位，不仅现代重大技

---

① Carl Mitcham. *Thinking Through Technology*：*The Path between Engineering and Philosophy*. Chicago：The University of Chicago Press，1994. 160.

② 陈凡、张明国：《解析技术》，福建人民出版社 2002 年版，第 4 页。

术变革都是以科学原理为基础的技术理论为先导，而且技术理论知识又对实体技术产生了重大影响，导致自控装置的诞生，知识经验技能随之而生，即技术 = 理论知识 + 自控装置 + 知识经验技能。

2.2　探究技术认识的两种传统

自技术哲学诞生以来，西方的技术哲学研究就存在着两种传统，即米切姆所说的工程传统和人文传统。两种传统的区别在于：工程传统从内部对技术进行分析，即分析技术的概念、方法、认知结构和客观表现；人文传统则用非技术的或者超技术的观点，如文艺的、伦理的、宗教的关系等观点来解释技术的意义，考察技术如何可能或者不可能适应人类世界。

2.2.1　人文传统

人文传统对技术的批判可以追溯到 18 世纪末 19 世纪初西欧掀起的浪漫主义运动。启蒙运动提出，科学和技术的进步通过带来财富和美德的一体化而自动的促进社会的进步，卢梭（Jean – Jacques Rousseau）认为这种观点是虚妄的，不仅"我们的灵魂正是随着我们的科学和我们的艺术之臻于完美而越发腐败的"[①]，而且"科学与艺术都是从我们的罪恶诞生的"[②]。类似的批判伴随着人文传统对技术的认识。

芒福德（Lewis Mumford）认为人性的基础是思想而非工具，所以人的本质不是制造，而是发现和解释。技术并不是人性的物质化，人类的技术成就并不完全是为了增加食物供应和控制自然的目的，而主要是为了更加充足的满足人类超出有机体的需要。如果把技术单纯地理解为工具的制造和使用，就没

---

① 卢梭：《论科学与艺术》，商务印书馆 1963 年版，第 11 页。

② 同上书，第 21 页。

有把技术看作人类发展和技术自身发展的主要动因。基于对人性的理解,芒福德把技术区分为两种基本类型:综合技术和单一技术。综合技术"大体上是以生活为指向,而不是以工作和权力为中心",这种技术能够满足生活的各种需要,而且能发挥人的多种潜能;单一技术则指向权力,"基于科学智力和量化生产,目的主要是经济扩张、物质充足和军事优势"①。芒福德认为现代技术是单一技术主要实例,源于 5000 年前的"巨型机器",即严格等级的社会组织。虽然巨型机器会带来惊人的物质利益,却限定了人的自由活动和愿望,人失去了人性,而成为巨型机器的一部分。如何消解巨型机器对人性的压抑?芒福德认为不能单纯从技术的角度来处理,而是回归人性的正确规定,回归生活世界和生活技术。

海德格尔把技术区分为两种不同的类型:技能型技术和知识型技术。技能型技术仍然以生成它们的那种方式与自然保持联系,因为它们只传递运动,并依赖于某种自然力量,与其周围的环境相融合;知识型技术不仅传递运动,而且还有一个转变,其展现的模式包括开启、转化、存储、分配和交换,也很少能适应或者融入周围的环境,所以知识型技术是对自然的精心策划和挑战,以生产出一种能够被独立储存和传送的能量②。现代技术创造出的"持存物"就是为了被使用和消费,离开了人的使用就没有其内在价值,人类决定其用途。那么,技术是人类活动的结果吗?海德格尔认为并不如此,因为现代技术的本质为"座架"③,它不仅挑战着自然,而且挑战着人类,"现代技术的本质使得人类开启了这样一条展现之路:通过这种展现,任何的实在之物,

---

① 卡尔·米切姆:《通过技术思考》,辽宁人民出版社 2008 年版,第 56 页。

② 同上书,第 65—66 页。

③ Heidegger. *The Question Concerning Technology and Other Essays*. New York & London:Garland Publishing, INC, 1977. 20.

无论其明显与否，都变成了持存物"①。所以，现代技术不仅遮
蔽了事物的物性，也遮蔽了存在物的存在，最终也遮蔽了技术自
身。如何摆脱这种困境？海德格尔并不主张简单的摒弃技术。克
服技术就如同一个人克服悲伤或者痛苦那样，"必须经历长期的
忍受、延伸和深化的过程"②，直到否定本身变成了悲伤或者痛
苦时，才会被舍弃或者超越。也就是说，技术必须接受质疑，并
且技术也唤起了对其自身的质疑。"正是这种对技术的质疑，或
者说是试图把技术的确定性置于哲学质疑的范围内，这才是海德
格尔技术哲学的核心。"③

　　埃吕尔（Jacques Ellul）认为技术是"在人类活动的各个领域
通过理性获得的（在特定发展阶段）有绝对效率的所有方法"④。
在他看来，技术可以区分为"技术操作"和"技术现象"："技术
操作包括为达到特定目的而依据一定方法进行的所有操作"⑤，也
就是说特定的技术操作总是寻求最大的有效性，自然过程逐渐为技
术过程所替代；随着判断和意识介入技术操作，就产生了技术现
象，"技术世界中的理性和意识的双重介入产生了技术现象，可以
描述为在每一个领域对一个最好手段的寻求"⑥。现代社会最好手
段的寻求是要通过计算的，建立在计算基础上的技术现象是一种单
一技术，它把一切人类的活动都纳入自身之中。埃吕尔认为，现代
技术最初是人类用来与自然环境和社会环境相抗争，以获取自由的
手段和中介，但是随着这种中介和手段的延伸、扩展和增加，就构
成了一个新的世界。因此，在现代社会，技术现象是无处不在的，
构成了人类赖以生存的技术环境。并且埃吕尔进一步认为，技术环

---

①　Heidegger. *The Question Concerning Technology and Other Essays*.　New York & Lon-
don：Garland Publishing，INC，1977. 24.

②　卡尔·米切姆：《通过技术思考》，辽宁人民出版社 2008 年版，第 69 页。

③　同上书，第 70 页。

④　Jacques Ellul. *The Technological System*.　New York：Continuum，1980. 125.

⑤　Ibid.，p. 220.

⑥　Ibid.，p. 209.

境中的所有技术构成了一个大系统,这个系统"具有人工的、自我扩张的、普遍的、自主的特征"①。自主的技术系统必然与人的自主性相冲突,那么如何摆脱这种威胁?埃吕尔认为需要建立新的伦理学,即"非力量伦理学"。因为现代技术定向于不断地扩张,定向于力量和力量的获得,要摆脱技术的威胁,就需要系统的、积极的探求这种非力量。建立非力量伦理学并不意味着软弱无能,而是设置限制,埃吕尔认为,限制的缺乏是对人类的否定,设置限制是获得自由的保证。对技术实践设置限制,并不是去技术化,而是去技术的神圣化,也就是说,脱离技术环境,完全回到自然环境中是不可能的,埃吕尔是希望在利用技术的时候,人们还能对技术采取批判的态度。

人文传统的技术认识论研究虽然没有深入技术内部分析技术认识,但是对现代技术并没有采取完全否定的态度,而是希望在现代的技术环境中,寻求如何彰显人性的途径,这一诉求也逐渐为工程传统的技术认识论研究者所认可和接受。

2.2.2 工程传统

对技术哲学的历史起点,一般认为是德国地理学家、技术哲学家恩斯特·卡普(Ernst Kapp)1877 年出版的《技术哲学纲要》为标志。所以,正如米切姆所说,"可以被称为'工程的技术哲学'的东西明显具有技术哲学孪生子中长子的特点"②。

在《技术哲学纲要》中,卡普认为技术器物的产生是无意识的,是对人体器官的模拟、强化和延伸,是"器官的投影","由于作用和力量日渐增长的器官是控制性的因素,所以一种工具的合

---

① 卡尔·米切姆:《通过技术思考》,辽宁人民出版社 2008 年版,第 75 页。
② 同上书,第 25 页。

适形态只能起源于那个器官"①。为此，卡普还对很多技术器物和工具做了解释，"由此大量的精神创造物从人类的手、胳膊和牙齿产生出来。弯曲的手指变成了一只钩子，而凹陷的手掌变成了一只碗；人们从箭、矛、桨、铲、耙、犁等工具中，可以观察到胳膊、手和手指的各种动作，很显然这些动作是适用于打猎、捕鱼、园艺和耕种的工具。"这一观点最远甚至可以在亚里士多德那里找到它的影子，"手似乎不是一种工具，而是多种工具，是作为工具之工具"②，进而，亚里士多德还详细解释了这一观点，"以手为例，它既是爪、是螯、是角、又是矛、是剑或是其他什么武器或工具。手可以是所有这些东西，因为手能把握它们，持有它们。自然界成功地设计了手的这种本然形式以适宜多种功能。"③但是工具与器官之间的关系并不仅仅是这种在结构上的相似，随着工具的发展，更多地表现为一种功能上的相似，将人体器官的形状、活动规则用于其他材料以实现一定的功能，而不再强调形状的一致，如钟表等测量仪器。卡普的这一思想影响了后来的很多技术哲学家，如麦克卢汉（Marshall McLuhan），"所有人工物，无论是语言、法律、思想和假说，或是工具、衣服和电脑都是人的躯体或大脑的延伸。人，作为制造工具的动物，长期用制造工具这种方式使他的这部分或那部分感觉器官得以延伸，而一部分的器官的延伸又会干扰到其他感官和官能。但是，在经过感官体验后，人们都疏忽了去观察这些延伸了。"④这种对技术的人类学解释也不能完全解释当下的技术现实，忽视了很多因素，如人和社会对技术的作用。

---

① 卡普：《技术哲学纲要》，转引自卡尔·米切姆，《通过技术思考》，辽宁人民出版社 2008 年版，第 31 页。

② 《亚里士多德全集》（第 4 卷），中国人民大学出版社 1994 年版，第 131 页。

③ 同上书，第 132 页。

④ Eric McLuhan, Frank Zingrone. *Essential McLuhan*. London: Routledge 11 New Fetter Lane Press, 1997. 374.

俄国工程师彼得·恩格迈尔晚年认为不能仅把技术理解为实现人类某种愿望的知识、能力和手段，而是人类愿望得以实现的可能性和现实性，技术的本质是属人的，是解读人的本质的一个切入点，是现实的人的愿望，在被个体的、社会的、宇宙的生活所规定的限度内使其得到满足。恩格迈尔还提出了他的由愿望、知识和能力构成的"三维行动理论"，第一维是发明的筹划，属于非逻辑思维，始于某种假说的直观显现；第二维是发明的验证，属于逻辑思维，着手验证假说、制订计划；第三维是发明的实现，由相应的操作者完成计划。并且，恩格迈尔把技术（或工程）做了扩大化的解释，把社会的组织、结构和运行解释为工程，提出了"专家治国论"，认为技术专家不仅能仅仅满足于为社会提供物美价廉的产品，还应该成为"政治领域的行家里手"，成为"国务活动家"，并为此成立了"世界工程师学会"，将专家治国主张在苏联付诸实践。

德国科学家、技术哲学家弗里德里奇·德绍尔（Friedrich Dessauer）沿着康德的三大批判（纯粹理性批判、实践理性批判、判断力批判）之后，提出了他的技术制作批判。康德认为，现象世界之外存在着一个"物自体"世界，并不能被理性所认识，而只能在道德和审美过程中被体验到。德绍尔则认为制造、尤其是以技术发明形态存在的制造，能够与物自体发生确切的联系。"技术的本质既不是在工业生产（它只意味着发明的大规模生产）中表现出来，也不是在产品（它仅仅供消费者使用）中表现出来，只有在技术创造行为中才能表现出来。"① 虽然德绍尔也认为技术创造要遵循自然规律和人的目的，但这只是必要条件，而非充分条件，发明者还必须与超验的"解决技术问题的预设方法"联系起来，也就是与超验的物自体相联系才是可能的。因为技术发明包含了"源自思想的真实存在"，是"源自本质的存在"的产生，是超验

---

① 卡尔·米切姆：《通过技术思考》，辽宁人民出版社 2008 年版，第 42 页。

物的体现。可见，德绍尔将"物自体"定位于现代技术中，只有在技术创造行为中才能表现出来。

2.2.3　人文传统、工程传统从分立走向融合

基于前文的分析，我们基本可以把握人文传统与工程传统的理论诉求和方法。人文传统把技术作为一个整体，站在技术之外探寻技术与人类世界中其他非技术方面之间的关系，反思技术与文艺、伦理、政治、宗教等方面如何适应。所以，人文传统从非技术的立场出发，希望能用非技术的方法对技术做出某种限制，限制技术的扩张及其对丰富人性的束缚。工程传统的关注点在工程技术自身，着重分析工程技术的概念、方法、认知结构和工程技术知识的表现形式，认为工程技术具有它自身的合理性。对于人类世界的其他非技术方面，工程传统甚至认为可以用工程技术思维来理解和阐释，用工程技术的标准和规范来要求和判断。

人文传统与工程传统的分立，有其必然性。人文传统与工程传统的分立，一方面源于工程师更多埋头于技术实践活动，对哲学毫无兴趣，使得工程师们很容易高估技术的适用范围；另一方面也源于哲学家们缺乏基本的技术知识，容易关注技术所造成的负面问题而低估其正面价值。人文传统的研究主体大多是哲学家，其关注的核心是人的本性，认为人的本性有着多重的内涵，而不能被技术限定在某一方面。并且为了不模糊技术与人类的非技术方面的关系，他们认为对技术有常识性的了解就可以理解技术的意义，而没有必要陷入专业化的细节。因此，人文传统面对着技术的不断发展，有着深深的焦虑，焦虑人性的自由会被技术的扩张所侵蚀掉。所以人文传统对技术史做出了阶段划分，无一例外的都认为传统技术要优于现代技术，传统技术与人类的生活，与人性和自然都是相适应的，而现代技术则走向了反面，与人类的生活，与人性和自然是相矛盾的，陷于一种浪漫主义的情绪中，或是完全拒斥现代技术，或是拒斥现代技术中远离了人的本性的方面。工程传统的研究主体大

多是有着丰富技术经验的工程师，对技术认识的产生，形成，发展和影响有着具体细致的认识，因此倾向于将人类的其他活动转化为技术的语言，并用技术语言来理解更大范围的人类世界。同时他们认为，现代社会中技术所造成的问题并不是技术的过度发展造成的，而是技术发展的不够所造成的，这些问题会随着技术的发展而逐步得以解决，所以人文学者在批驳技术时，并不真正了解他们谈论的内容，并且由于对批判性的关注和对道德的敏感性很容易导致非理性认识，并做出错误的判断。

60

显然，从一般意义上来看，把"人文"这个概念用于非工程传统的技术认识论研究是不公平的，因为这就意味着工程传统的研究是"非人文"的，或者人文研究中不包含工程技术。人文传统虽然使用了"人文"一词，但其理论过于思辨，基础过于狭窄，将自己封闭在浪漫的主体性之中，远离了人的工程技术方面。针对现代技术所造成的问题，人文传统所开出的药方也是整体性的，并不具有针对性，如芒福德的"回归生活世界"、海德格尔的"沉思"、埃吕尔的"非力量伦理学"等，实践意义是很弱的。工程传统着眼于工程技术自身，往往忽视了工程技术中的人文因素和社会因素，对现代工程技术所造成的一系列后果或者视而不见，或者认为技术的发展会自动消除这些后果，对工程技术自身有着某种盲目的相信。

从理论上分析，技术认识论的人文传统与工程传统是分立的。实际上，二者之间的分立并不是绝对的，因为人文学者开始熟悉工程技术的细节和原理，对工程技术的反思也越来越细致和深入；工程技术专家也逐渐认可和接受人文学者的诉求，并把它们融入工程技术实践中。

有意识地把非工程技术的人文内容纳入工程技术实践中始于"二战"后德国工程师协会对工程师在"二战"中所扮演角色的反思，其中伦克（Hans Lenk）和罗波尔（Gunter Ropohl）在《朝向一种跨学科和实用主义的技术哲学：技术作为跨学科反思和系统研究的焦点》中写道："技术世界的多维问题不能通过某个对成功的期望而不考虑社会科学的一般性和哲学的普遍性来解决一样，也不能在没有工程和技术科学（这包括一般的科技的系统分析和系统策划）的专家的正确指导下就能解决。当今社会，跨越原有的学科和学术界线，尤其是在人文学科和自然科学、社会科学与技术科学之间的充分而实际的合作，从来没有变得如此重要。"① 协会与众多研究技术的问题的学者建立了联系，工程师们就工程技术与哲学、价值、伦理、政治以及技术评估等问题展开讨论。

当前国际技术哲学界发现"经验转向"之后技术哲学有丢掉批判的、超越论的传统而失去技术哲学的社会价值的趋势，把规范性的分析变成了描述性研究，所以在世纪之交，技术哲学发生了"伦理转向"。伦理转向不是对抽象的技术进行猛烈的批判，而是"关注具体的技术对人类生活的伦理后果"，但是"伦理转向"又有放弃"经验转向"所取得的成果的倾向。究竟如何把"经验转向"的描述性研究与"伦理转向"的规范性研究结合起来，费贝克提出了"第三种转向"。为了实现"第三种转向"，描述性研究和规范性研究都需要进一步的深化，描述性研究需要重视技术的伦理和政治意义，规范性的研究除了要"分析"技术伦理以外，还需要"做"技术伦理②。为此，费贝克（Peter – Paul Verbeek）提出了"道德物化"这一概念，即技术处于设计阶段的时候，就要考虑到如何使它发挥良好的伦理引导作用。布瑞（Philip Brey）也认为，当下我们的研究要注意以下四点：一、研究伦理如何嵌入到技术产品和过程中去，以及它们如何在行动中体现的；二、建立一个技术作为伦理中介的理论；三、发展出一套技术评估的理论和方法，通过它我们能够对新技术的伦理后果进行研究和评估；四、建

---

① 转引自卡尔·米切姆：《通过技术思考》，辽宁人民出版社 2008 年版，第 88 页。

② 张卫、朱勤、王前：《从 Techné 特刊看现代西方技术哲学的转向》，《自然辩证法研究》2011 年第 27（3）期，第 36—40 页。

立起伦理分析的方法，能够正确地指导在引进新技术时涉及的相关利益方的社会和政治讨论①。

除此之外，马克思早就"从工程科学和人文科学（及社会科学）相统一的角度把握技术"，这种研究方式贯穿于马克思的整个研究过程中。马克思认为劳动手段是人体器官的延长，由一般工具到机器再到机器系统的过程是一个自然进化过程，实际上是自然进化和人类进化的延续，是动植物器官形成的自然过程转变为社会生产器官形成的社会过程。可以看出，马克思所说的技术进化是自然、人类、社会、技术诸多方面综合系统的进化。马克思认为，人与环境之间的相互作用可以分解为人与自然和人与人两个层面之间的关系，本质上属于生产方式的范畴，因此，只有从整体上来把握技术，才能揭示出技术的本质和规律，揭示出技术、人、社会和自然之间相作用的规律。生产工具是生产力中最活跃的因素，技术的进步促进生产力的发展，进而推动经济社会的发展；社会生产关系的变革又会促进生产技术的变革。从生产力的角度探究技术，也就是从人与自然之间关系的角度来考察技术，这一方向实质上就是工程主义的研究方式；从生产关系，也就是人与人之间的关系角度考察技术，实质上就是人文主义的研究方式。正如刘则渊所说，"由于技术本身具有不可分割的自然属性和社会属性这两种基本属性，特别是由于技术通过满足社会需要的各种人工自然而同时取得物质存在方式和社会存在方式，这就决定了只从工程科学或人文科学一个层面上考察技术，不可能完整地把握复杂的技术现象及其本质和规律"②。

本书对技术认识进行分析时，以工程技术自身为着眼点，深入工程技术内部，打开技术黑箱，而非把技术看作一个整体，这与工

---

① Philip Brey. *Philosophy of Technology after the EmpiricalTurn*. Techné, 2010, 14 (1).

② 刘则渊：《马克思和卡普：工程学传统的技术哲学比较》，《哲学研究》2002 年第 2 期，第 21—27 页。

程传统的立场相近。但是，具体的工程技术都不是单纯的，是技术因素与社会因素的综合体，单纯的批判固然缺乏建设性，然而忽视工程技术的人文社会性也是有害的。我们希望在分析具体工程技术的过程中恢复其本来面目，把人文社会性与工程技术融合起来。

2.3　技术认识的本质

分析技术认识是研究技术认识论的基点。明确技术认识的前提是把握什么是技术，澄清技术认识与非技术认识的界限，在此基础上才能明确什么是技术认识。

2.3.1　技术与技术认识

当下，技术已经渗透到现代社会中的方方面面。"初看起来，'技术'一词的含义似乎十分明白，因为到处都可以看到技术装置、器械和工艺，人们已承认它们是'第二自然'。不过，倘若要给技术概念下一个明确的定义，人们马上就会陷于困境。"[①]拉普在这里所说的困境也是我们技术哲学工作者所面临的。如同科学一样，技术的表现形式也是多种多样的，它所包含的内容异常丰富，对它的界定一般都只是侧重于某一方面。侧重不同，界定迥异。

米切姆总结了多样的技术界定，认为"其中每一种定义……都在技术的普遍含义上提示了某些真实方面，但又都是暗中运用有限的几个中心点。因此，关于这些解释的真假常常要看这个狭窄观点的排他性而定。"[②] 米切姆也没有给技术做出明确的界定，他把

---

① 拉普：《技术哲学导论》，辽宁科学技术出版社 1986 年版，第 20 页。
② 卡尔·米切姆：《技术的类型》，载邹珊刚主编，《技术与技术哲学》，知识出版社 1987 年版，第 247 页。

这些关于技术的界定归纳为四种类型：技术作为人工物；技术作为知识；技术作为行动或过程；技术作为意志①。这四种类型的界定，都是把技术从与它相关的因素中分离出来做静态分析，仅描述了技术的一种表现形态，侧重于技术内涵的某一方面，并不能展现技术的完整本质。

要明确技术的本质，必须明确技术的范畴和技术的目的。我们认为技术的目的是改造世界，技术过程是人类的意志向世界转移的过程，因此，技术的本质是"人类利用自然、改造自然的劳动过程中所掌握的各种活动方式的总和"②。这个界定把技术视为一个动态的过程，反映了技术是人与自然之间的中介的基本立场，也把技术与科学、宗教、艺术等其他活动方式分隔开来。本文即采用了这一界定。

这里有两点需要把握：一是把技术理解为动态的实在的认知和实践活动；二是把技术理解为动态认知活动和实践的结果——知识体系和人工物。也就是说，如果把技术比作一个集合的话，技术认识就是这个集合中的一个子集。因此它们在活动主体、客体和方法手段上有着一致性，在很多时候难以做出清楚的区分。在理论上，技术与技术认识是可以明确区别开来的，技术属于一般社会生产力的范畴，既可表现为社会进步的推动力，也可表现为一定地域的文化传统，还可表现为先进的方法等等。技术的功能也是多样的，诸如可以提供丰富的、多样化的人工物，其应用能够促进社会生产力的发展和推动社会进步，乃至可以改变人的思维方式，等等，其中当然包括了认识的功能。要言之，技术认识属于特殊类型的社会意识或社会活动，表现为形成以理论形式或以经验形式存在的技术知识。

---

① 卡尔·米切姆：《通过技术思考》，辽宁人民出版社 2008 年版，第 213 页。
② 陈凡、张明国：《解析技术》，福建人民出版社 2002 年版，第 4 页。

2.3.2　技术认识的实践特质

国内很多学者（如陈昌曙教授、陈其荣教授、张华夏教授、李醒民教授等）对技术与科学的区别都曾做了详细的剖析和阐述，指出科学与技术区别的关键之处在于，科学是认识和解释自然现象的本质和规律的人类活动，它要回答"是什么"和"为什么"的问题，其本质是求知；技术则是人类改造自然，创造人工自然的实践活动，它要解决"做什么"和"怎么做"的问题，其本质是实践。这些，对确立技术哲学的研究主题是很有意义的，也提供了研究技术认识与科学认识的区分的出发点。

65

一般来说，技术认识与其他认识形式的界限是很明显的，而与科学认识（指基础自然科学，下同）的界限却是需要研究的。这是因为，技术认识与科学认识在一些方面的区分是明显的，而在另在一些方面则是相纠缠的。

先来看一下技术认识与科学认识的明显区分，从根本上说，它们分属于理论认识和实践认识[1]。

第一，如皮特所说，工程技术的认识或知识"是工程师在解决问题过程中形成的具有特殊类别的知识"[2]。技术认识与科学认识的不同，最主要体现在技术认识具有突出的实践性指向，是对对象的操作、控制和变换的认识。科学认识旨在发现和解释自然现象的本质和规律，它要回答"是什么"和"为什么"的问题，其本质是求知；技术认识则是产生于、服务于和应用于工程技术活动的认识，是人类在改造自然、创造人工自然的过程中[3]形成的认识，

---

[1]　李伯聪：《工程智慧和战争隐喻》，《哲学动态》2008 年第 12 期，第 61—66 页。

[2]　约瑟夫·皮特：《技术思考：技术哲学的基础》，辽宁人民出版社 2008 年版，第 8 页。

[3]　陈昌曙教授说："人工自然的创造取决于技术的手段和方法，自然界的人工化也就是技术化，人工自然的范围等同于技术圈，讨论人工自然与考察技术过程是不可分割的，或本质上是一回事"。（陈昌曙：《技术哲学引论》，科学出版社 1999 年版，第 67 页。）

是人类对改造自然、创造人工自然的实践活动及其结果的本质和规律的认识。技术认识，它要回答"做什么"和"怎样做"的问题，其本质是实践。例如纳米科学是"研究至少在一维方向上其尺度在1—100纳米的分子和组织的基本原理"①，而纳米技术则是"以纳米科学为基础制造新材料、新器件、研究新工艺的方法和手段"②。

第二，科学认识的追求的是"共相"，其成果是具有普遍性的理论知识；技术认识的目标是"殊相"，是具体的方案、模型、计划，并落实于行动。科学认识虽然从根本上说也是来源于人类的实践活动，但科学认识本质上是一种理论活动，其评价标准是真理性；与技术认识的实践性相关，对它的评价主要是有效性，能在实践中发挥实际效能的认识才是技术认识。

第三，"科学家发现已经存在的世界，工程师创造从未存在的世界。"③ 从对象和思考方式来说，科学认识面向的是现实的、实在的世界，而技术认识面向的则是未来的、"可能的世界"中可能存在的对象和可转化为现实的东西。"它观念地将事物由本然状态改变成理想状态，在观念中建构出理想的客体。"④

第四，技术认识的程序也与科学认识的程序有明显不同。科学认识的一般过程可以概括为"发现问题—提出假说—检验—新的问题……"⑤；技术认识的一般过程则可以概括为：技术问题的提出—设计方案的制订，包括设计与蓝图、比例模型、样机产品等—技术评价与检验—计划、实施、制作、改进和使用。

在技术认识与科学认识之间，还有一些从表面上看区分不那么

① 徐国财：《纳米科技导论》，高等教育出版社2005年版，第6页。

② 刘吉平、郝向阳：《纳米科学与技术》，科学出版社2002年版，第1页。

③ 冯·卡门语，转引自布希亚瑞利《工程哲学》，辽宁人民出版社2008年版，第1页。

④ 陈凡、王桂山：《从认识论看科学理性与技术理性的划界》，《哲学研究》2006年第3期，第94—100页。

⑤ 波普尔：《客观知识》，上海译文出版社1987年版，第127页。

明显的东西，其中既有表面相似的又有相纠缠的方面。有一种流行的看法是把技术称为"应用科学"，其根源之一是把技术中的认识活动归属于科学，从而遮蔽了技术认识的独特性。

从人类的认识历程看，技术认识与科学认识的诞生并不是同时的，即使在科学和技术越来越一体化的今天，技术知识也并非全然来自于基础科学。① 恰当的说法是：二者好似一对孪生兄弟，虽然具有相似的外貌，却是人类认识系统中两个相对独立的领域。技术认识与科学认识的区别可以说是相似的外貌下掩盖着不同的实质，因为它们需要解决的问题不同。

第一，真理性。真理是指以主观的形式反映的不以人的意志为转移的客观内客，是主观与客观的统一。我们在科学认识和技术认识（科学知识和技术知识）都经常遇到真和假、正确与错误的问题，就是说，技术认识与科学认识的标准有相似乃至相互纠结之处，其中也有真和假、对与错的问题，而不仅仅是有效或无效。

但是真理性在技术认识与科学认识中却有不同的含义、指向和地位。科学认识是要对自然现象及其本质和规律做出正确的反映、描述和理解；而技术认识则是要对改造自然，创造人工自然的实践活动及其结果的本质和规律做出正确的反映、描述和理解。技术认识中也有对自然本身的认识，这些真理性的认识一部分包含在设计、操作的原理中，更多的则转化为技术活动的规则、规范以及技术标准，或包含在技术规则、规范和标准中。

真理性在技术认识与科学认识中的地位也不相同。对于科学来说，真理性知识是认识的追求目标；而对于技术来说，真理性知识更多的是达于目标的手段。

真理性要求认识具有逻辑性。科学和技术活动中的认识和推理

① 卡尔·米切姆的《通过技术思考》一书中有这样一个案例：对美国国防部"在多大程度上从基础研究中获益"的研究表明，与 20 种主要武器系统有关的事情中只有 1% 可以被理解为基础科学，而 91% 都是技术的。（参见卡尔·米切姆：《通过技术思考》，沈阳：辽宁人民出版社 2008 年版，第 271—272 页。）

67

都要讲逻辑。对于科学认识来说，认识要求逻辑一贯，内部相容且不能导出矛盾的结论。技术认识和推理也要遵从形式逻辑，但不限于形式逻辑。从因果关系转变为使用准则，从功能的描述导出结构的描述，这些转换运用的是实践推理，很难具有严格的逻辑演绎的形式。

真理性要求认识有很强的解释功能，也就是说不仅要能解释常规现象，也要解释非常规现象。解释功能是科学认识确立的必要条件，对于技术认识来说也是如此。技术认识要能解释在条件或环境发生变化时，技术活动所要做出的调整。如铁路设计理论，不仅要能解释在平原地区修建铁路的设计方式，还要能解释在山区和高原地区修建铁路时的设计调整。

第二，精确性。精确性是技术认识和科学认识都必须具备的特征，主要指有确定的数值。

科学认识的精确性一方面指理论值；另一方面指能够精确测量。理论值来源于数学演算。科学认识的数学演算需要把丰富的具体实际抽象化，如把实体抽象为点、线、面、体四种基本模型；把实际问题的条件理想化。例如在物理力学的分析中，通常会把物体看作均匀的，甚至可以抽象为一个质点；力的作用方向、强度和变化都是理想化的。因此数学模型虽保证了科学认识具有较大的普遍性和较高的精确度，但只是一个理论值，是理想情境中的知识。

技术认识也要讲求精确性。技术认识的精确性虽然也来自于数学演算和精确测量，但技术实践中对精确度的要求远比检验科学理论所要求的精确度低得多，性质也不一样。工程师不能把自己的认识置于理想世界中，他们面对的是一个具体的、接近于"真实"的世界，不允许把丰富的实际情况和条件抽象化、理想化。技术认识也要求得出一些精确的具体数值，但是与科学认识相比，技术认识更关注的是极限值，也就是最大值和最小值。因为技术活动的对象和条件千差万别，例如一种药品必须适用于广泛的人群，一座桥梁可能承载大小不同的负荷，所以技术认识的精确值必须适应变化范围较大的条件，只能是一个范围，有相对精确的上限和下限。这是技术活动的有效和安全所需要的。文森蒂甚至认为工程学的特点是不需要过分地关注理论的精确性也能前进。①

第三，预见性。预见性是指认识要能够在一定准确度范围内预见未来可能或必然出现的情况，它是衡量认识是否成功的一个重要标准。科学和技术都要求认识具有预见性。但科学认识中的预见（一般称为科学预言）指的是如果具备了一定的条件，将会有什么东西可能或必然出现，亦即初始条件和终态之间的客观联系；而技术认识中的预见（一般称为技术预测）则建议，如何影响环境，以带来或防止一定事件的出现，亦即，它处理的是手段—目的的选择关系：给定目标，预测手段如何达到目标。重要的是，技术预测是有技术专家的活动参与其中的——科学预言的成功依赖于将自己从对象中划分出来的能力，而技术预测的成功则依赖于如何将自己置身于相关系统中并影响该系统的能力。②

技术活动是在创造人工自然的过程中，通过系列的活动，实现特定的目的。因此，技术认识要能预见到技术活动中可能会出现的情况，尤其是意外情况，才能采取相应的措施，保证目的的实现。意外情况的出现可能会使技术活动付出重大的代价，或者导致投入的大幅度增加，或者影响人工物的安全性，或者会造成技术活动的中断甚至失败。

第四，丰富性与综合性。科学认识和技术认识都要求认识具有丰富性，也就是说从认识中可以合理地推导出许多结论。对科学认识来说，丰富性意味着理论体系的逐渐充实和完备；而对技术认识来说，丰富性意味着技术认识的适用范围在扩大，在不同的条件下依然有效。技术认识要求能够适用于更多情况下的控制、操作和变

---

① 卡尔·米切姆：《通过技术思考》，辽宁人民出版社 2008 年版，第 73 页。

② 张华夏、张志林：《从科学与技术的划界来看技术哲学的研究纲领》，《自然辩证法研究》2001 年第 17（2）期，第 31—36 页。

换，工程技术实践中的成功也是复杂事物的多变量联合作用的结果，因而技术认识也远比科学认识更为丰富。"从实践的角度来看，技术理论比科学理论内容更丰富。因为它远远不是仅限于描述现在、过去和将来发生的事情或者可能发生的事情，却不考虑决策人做些什么，而是要寻求为了按预定方式引起、防止或仅仅改变事件发生的过程，应当做些什么。"①

综合性指认识的构成是多因素的。技术认识中所涉及的内容比科学认识中要繁复多样，因为技术认识还面临着诸如成本、安全、道德、法律、市场的需求、制造方式、对环境的影响乃至、政治、审美等等内容。这些都是工程师在进行设计和制造时，必须融入认知的要素。

特别是，这里还有事实和价值的综合——对功能的认识就内在地包含了价值评价，很多技术标准（例如安全系数）也都是综合了事实和价值两个方面。

因此，技术不是"应用科学"，技术认识也不同于科学认识，它除了包含实践对象的认识以外，还包含着对实践本身的认识。而实践又是具体的，丰富的，涉及多方面的认识，实践中的技术认识不仅要具备科学的合理性，还需要把社会效益、历史文化传统、民族地域特征、居民生活方式等因素整合到一起；同时由于技术形成过程中的参与者众多，分属不同的利益群体，技术的形成也是这些相关利益群体协商建构的结果。因此，技术认识必定是综合性的。"它（技术理性）既追求功效又内含目的；既追求物质手段又关涉知识储备；既基于自然又面向社会；既表现自然必然性又实现主体目的性；既追求理想又注重条件和善于妥协。"② 技术知识也不仅来自于学术机构，也来自于企业，甚至家庭，它们不断地被融入新

① 马里奥·邦格：《作为应用科学的技术》，载邹珊刚主编，《技术与技术哲学》，知识出版社 1987 年版，第 51 页。

② 陈凡、王桂山：《从认识论看科学理性与技术理性的划界》，《哲学研究》2006 年第 3 期，第 94—100 页。

产品和工艺的设计与开发中，存在于技术设计的图纸上、技术人工物的零部件上以及技术人员的控制、操作和变换活动中。这些新知识和技巧的传播方式也是多样的，备忘录，实验报告，部分表格、合同等都是工程技术知识的传统文本形式。

2.3.3　技术认识的双重含义

从以上的讨论中不难看出，技术认识实际上涉及三重含义：(1)是指运用一定的工具和技术手段所进行的认识活动；(2)是作为认识活动的技术，或通过技术活动来认识，此处的"技术"指明了认识活动的特征；(3)是指认识所得到的成果是技术性的，如技术规则。

运用一定的技术手段、工具进行认识活动，是技术认识的一个基本环节，如技术试验，而工具、仪器变革对象，在受控条件下进行实验，也是最为普遍的认识手段，我们总是在参与到对象中和通过变革对象来认识世界的。然而这只是说明技术和工具的运用在人类认识中的基础性，而非技术认识所特有的。(2)和(3)才是狭义的技术知识形成的基本途径，它们构成了技术认识与非技术认识的区别。

作为活动过程的技术认识由认识主体、认识客体和与主体相融合的认识手段和工具组成，其中的任一要素都不能单独实现技术的认识功能。德绍尔认为，制造，尤其是以技术发明形态存在的制造，能够与"物自体"发生确切的联系，能够认识"物自体"。"技术的本质既不是在工业生产（它只意味着发明的大规模生产）中表现出来，也不是在产品（它仅仅供消费者使用）中表现出来，只有在技术创造行为中才能表现出来。"[①] 米切姆也认为，作为活动的技术是知识和意志联合起来使人工物得以存在或让人使用的关

---

① 卡尔·米切姆：《通过技术思考》，辽宁人民出版社 2008 年版，第 42 页。

键事件，同样它也为人工物影响思想和意志提供了机会①。这些也都说明技术的认识功能是在作为整体的技术活动中实现的。

具体分析作为活动的技术认识，就需要分析它的活动过程和构成要素，即认识活动的主体、认识活动的工具、认识活动的对象、认识活动的目标和认识活动的成果。

技术认识主体可以分为三个层次：个体、工程师共同体和工程共同体。工程技术人员作为个体的技术认识主体有很强的专业性。随着技术实践的发展，技术认识的对象也越来越深入和细化，对象和活动类型间的差别也越来越大；认识主体的分工也就越来越细，越来越专业化。同时，技术认识中的"意会成分"也导致技术认识在一定程度上是不可言传的，个体之间的交流并不是充分完全的。技术认识的这种个体性更强化了技术认识主体的专业性。

技术认识的主体除了个体的工程师以外，还有工程师组成的共同体。一般来说，关于技术问题、技术设计等等的交流首先是在工程师共同体内部进行的，技术成果也首先是在共同体内部进行鉴定和评价，其价值首先需要得到共同体内部的评定，然后才会在随后的过程中接受其他相关群体的评价。技术又是社会建构的，一个重要的技术项目的开发，或一个大的工程项目的建设，都是投资者、决策者、管理者、工程技术人员乃至用户共同参与和协作的结果。因而，实际从事工程技术活动的是工程共同体。每个工程共同体都是一个复杂的、由不同职能和岗位的成员组成的群体，他们之间的合作或协作的关系形成了复杂的关系网络。进一步说，一项重要技术的采用或一个重大工程项目的建设，都会直接或间接地影响到公众的生活、安全和健康，影响到自然环境，需要公众的积极参与。在这里，利益的表达和对技术的认识是密切地结合在一起的。因而，这种对话和互动也是一个广义的技术认知过程。由于工程技术

① 卡尔·米切姆：《通过技术思考》，辽宁人民出版社 2008 年版，第 283 页。

知识有很强的专业性，这种对话和互动实际上提出了很多新的、需要进一步研究的认识论问题。

再来看工具。技术认识工具可分为实体工具和思维工具两类。在技术认识独立之前的认识工具或者是人的感官，或者是与生产生活工具没有分开的器械。技术认识的逐渐独立伴随着技术认识工具的专业化，技术认识离不开多种多样的实体工具，并逐渐朝着高、精、尖的方向发展。思维工具包括技术专业语言和方法。技术语言作为一种人工语言，具有明确性，由同一领域的工程师共有，是他们进行思维和交流的工具。技术方法是技术认识的"软件"，如试验方法、模型方法等等。技术认识需要采用一定的方法，否则不会获得有效的成果。

在技术认识的过程中，工具是与主体融合在一起的。我们把它强调出来，是因为它明显展示了技术认识的特殊性。实际上，技术认识的工具只有与主体相结合，成为主体的一部分，才能发挥其功能。器械虽然具有实体形态，但在技术认识的过程中，其作用是强化或者延伸、替代主体的能力，与主体共同作用，形成技术认识。当然，工具同时也是技术认识的客体。

在认识对象上，技术认识虽然也认识自然，但其目的是希望明确如何干预自然过程，以出现满足人类需要的结果。因此技术认识不仅要研究自然界里各种事物的发生、发展和变化过程以及事物的内在本质和规律，更要研究如何把对本质和规律的认识应用于创造人工自然的实践活动中。

作为成果的技术认识以两种状态存在：凝聚在技术创造物中，或以技术知识的形式存在。如前所述，技术知识包括关于行动对象的知识和关于行动本身的知识。邦格就曾把关于实践对象的认识称为"实体性技术理论"，把关于实践本身的认识称为"操作性技术理论"。"实体性技术理论基本上是科学理论在接近实际情况下的应用……，而操作性技术理论，从一开始就与接近实际条件下的人和人机系统的操作问题有关"①。本书的划分与邦格的划分有相似之处。

换一个角度看，作为成果的技术知识又可以分为以技术理论、技术方案、技术规则等形式构成的共享知识和以经验形式存在的个体知识两部分。共享知识主要是关于认识对象的性质、技术理论、设计方案、操作规程、产品功能等方面的知识，其存在不依赖于个体的认知主体，是普遍有效的。共享知识以人工语言和其他符号来表达和传递，可以被认识主体所共同理解和共享，因此也是易于公开传播的。然而也正如文森蒂所说，事实上，"关于设计、制作、调整、运作和监控人工事物的知识、方法与技能"是不能单用语言、图表、公式来进行完备描述的。尽管量化数据是"审慎研究"的"精确而可以纳入法典"的成果，但是工程师还是利用了"一系列来自于时间经验中的"思考；它们只能通过熟练的操作技巧表现出来，由人造物呈现出来。而且，很多时候在技术设计中引导工程师进行创造性思维的是"视觉的意向"——"杰出的设计者们总是杰出的视觉思想家"②。

这种个体性知识也就是波兰尼所说的"难言知识"，它是个体在长期的实践过程中积累下来的知识，不易用语言表达，一般是通过行为来展示的③。个体经验在技术认识或技术知识中占有重要地位，然而它传播起来较为困难。

总之，技术认识既不是对"理念世界"的模仿，也不是理性中固有的"先验存在"，而是具体实践的产物。人类在改造自然的实践中创造了技术认识，并随着人工自然的创造而深化。对技术理论的准确理解和解释不能离开技术实践活动，对技术实践活动的考

---

① 马里奥·邦格：《作为应用科学的技术》，见邹珊刚主编《技术与技术哲学》，知识出版社 1987 年版，第 49—50 页。

② 转引自卡尔·米切姆《通过技术思考》，辽宁人民出版社 2008 年版，第 273 页。

③ 波兰尼：《个人知识》，贵州人民出版社 2000 年版，第 90 页。

察也离不开技术知识。技术认识是研究技术认识论的出发点，无论是要阐释技术认识的主客观辩证统一问题，还是要研究技术认识的真理性问题、精确性问题以及综合性问题，都需要准确地分析技术认识的双重含义。

第3章 技术认识的过程解析

动态的技术过程包含着复杂的步骤和程序，因此需要对这一过程进行阶段的划分。根据技术认识活动的一般过程，我们将其分为三个阶段：技术问题，技术设计和技术使用。技术问题是技术认识的起点和主线，引导后续技术认识活动的展开。技术设计是根据已有的条件，通过创造性的劳动为技术问题的解决提供中介，是技术认识形象化的过程。技术使用是运用技术中介解决技术问题，在这个过程中，技术认识不断的背景化。

3.1 技术问题：技术认识的起点和主线

技术认识作为人与自然关系中的一个重要方面，以何处为起点？我们认为，技术认识的起点是技术问题。"科学技术研究与人类技术行动都是从问题开始的，即从一种不确定状态、有问题的状态开始。在这种状态下人们有某种需要满足，有某种目标要寻求，并思考如何去满足某种需要和追求到某种目标。"[1] 有问题才会思考，才会有认识。本书所指的技术问题并非通常所认为的技术负效应[2]，而是指技术过程中所要解决的问题，是由多方面因素构成的

---

① 张华夏、张志林：《技术解释研究》，科学出版社2005年版，第40页。

② 张成岗：《现代技术问题：从边缘到中心》，《科学技术与辩证法》2003年第20(6)期，第37—40页。

一个矛盾。"技术问题的形成、分析和解决，是贯穿技术开发过程的中心线索。技术问题构成复杂，不仅包含已行与未行的实践矛盾，而且还关涉已知与未知的认识矛盾。"①

3.1.1　技术问题与科学理论和经验

一般认为，技术认识或者起始于已有的科学理论，是科学理论的实际应用；或者起始于技术活动中的经验，是对经验的总结。当然，在一般的考察技术认识与科学认识和经验认识的关系时，可以认为技术认识源于科学理论或经验总结，但在具体的考察技术认识的过程时，就会出现问题。技术认识的起点在哪，工程师的工作和责任范围从何处开始，到何处结束。这种大而化之的叙事并不能真正的说明这些问题。因为，无论在逻辑上还是在实际的技术认识过程中，从科学理论或是从经验，都无法直接得出技术认识，中间间隔着技术问题这一环节。

3.1.1.1　技术问题与科学理论

自第一次科技革命以来，工匠传统与学者传统的结合使得技术与科学的关系越来越紧密。"科学技术化，技术科学化，科学技术一体化"是能经常出现的论断，"技性科学"的概念也频频现身②。的确，科学理论是当代技术认识形成的必要前提，尤其是现代的重大技术革新，离开了科学理论的发展是不可能发生的。但是，科学的一个基本特征是探索性，是对未知的或是知之甚少的世界的探求，探求的结果就是把未知变成已知，形成新的科学认识。所以，已有的科学理论属于已知的成果，属于已知的范围。技术认识是在改造自然的过程中形成的，在形成之前属于未知的范围。已知的科学理论可以为技术认识的形成提供方法和思路，但不能直接转化为

---

① 王伯鲁：《技术困境及其超越问题探析》，《自然辩证法研究》2010 年第 26（2）期，第 35—40 页。

② 许为民等：《技性科学观：科学技术政策分析的新视角》，《自然辩证法通讯》2009 年第 31（3）期，第 95—98 页。

技术认识，因为单独的已知是绝对不会产生新知的。康德对唯理论的分析批判明显的说明了这一点，"各种判断，无论其来源以及其逻辑形式如何，都按其内容而有所不同。按其内容，它们或者仅仅是解释性的，对知识的内容毫无增加；或者是扩展性的，对已有的知识有所增加。前者可以称之为分析判断，后者可以称之为综合判断。"① 知识的增加必须是对未知问题的解决，而对于技术认识来说，科学理论必须包含有未知的内容才可能转化为技术认识，单纯的科学理论是不可能转化为技术认识的。陈昌曙先生也认为，基础自然科学到技术应用实践，中间要经过系列的中介，从前者到后者，并非简单的逻辑演绎关系，每一个环节都会加入新的未知的内容，才能成为一个相对独立的阶段。"如果以'→'表示某种直接决定或逻辑演绎序列，在科学与技术之间，并没有简单的由基础自然科学→技术基础科学→工程应用科学→方案设计→操作规则→技术应用实践的序列，这里的每一个环节都有各自的相对独立的发展，都有各自的继承和创新。"② 当然，毫无知识背景的单纯未知也不会形成新知识，只有在已有知识的背景中，结合新的问题，才会形成新的知识。科学理论正是通过这种结合才能转化为技术认识，推动技术的发展。

所以，科学理论在技术认识的发展过程中，无论是作为基础还是方法，都是作为已知的环节，通过与未知的结合而起作用。已知同未知的结合，就是问题。也就是说，科学理论作为技术问题中已知的部分，才能称其为技术认识的起点。

3.1.1.2 技术问题与经验

既然技术认识的起点不是科学理论，那么，是否可以说技术认识的起点是经验呢？对这一问题，需要做出具体的分析。康德也认为，一切知识都是从经验开始。"吾人所有一切知识始于经验，此

---

① 康德：《未来形而上学导论》，商务印书馆 1982 年版，第 18 页。
② 陈昌曙：《技术哲学引论》，科学出版社 1999 年版，第 172 页。

不容疑者也。盖若无对象激动吾人之感官，一方由感官自身产生表象，一方则促使吾人悟性之活动。以比较此类表象，联结之或离析之，使感性印象之质料成为'关于对象之知识'，即名为经验者，则吾人之知识能力，何能觉醒而活动？是以在时间次序中，吾人并无先于经验之知识，凡吾人之一切知识，皆以经验始。"① 经验是认识的源泉，只有通过它才能获得对象的信息，有了对象的信息才意味着认识的发生。从这点上看，认为经验是技术认识的起点好像并没有问题。但是需要说明的是，作为活动成果的技术认识可以分为个体知识和共享知识。个体知识是个体在长期的技术活动中，通过经验的积累而形成的，不易用语言表达的知识，一般是通过行为展示。共享知识主要是关于认识对象的性质、技术理论、设计方案、操作规程、产品功能等方面的知识，是普遍有效的知识，以人工语言和其他符号来表达和传递，不依赖于作为个体的认知主体，可以被不同的认识主体所共同理解和共享。据此，似乎可以认为经验是个体技术知识的起点，但个体技术认识的实质是以经验形式存在的，高度个人化的知识，如果说经验是个体技术认识的起点，就相当于说经验是经验的起点。所以，我们需要对个体技术认识的获得做进一步的分析。认知心理学的研究表明，个体认知的形成需要经过注意、记忆、知识的组织等一系列的环节。"当外部刺激源（信息源）作用于感受器（生物感受器官）时，它们在感受器的位置上被编码成可由神经系统传递的代码符，大脑则通过对感觉输入的编码进行选择、组织、处理或改变，然后将认知（冲动）传递到各个反应系统，例如肌肉或者腺体。"② 在这一系列的环节中，并不是直线的传递，而是需要经过"选择、组织、处理或改变"。比如注意"是心理努力的集中和聚焦——是一种有选择性、转移

79

---

① 康德：《纯粹理性批判》，商务印书馆 1997 年版，第 29 页。

② 埃莉诺·吉布森：《知觉学习理论和发展的原理》序言，浙江教育出版社 2003 年版，第 8 页。

性和可分解性的集中"①，也就是说，在注意阶段，并不是所有的刺激都能引起个体的注意，需要经过"过滤"。在技术认识的过程中，什么样的刺激能通过过滤而被注意到？

正如海德格尔所说，用具一旦进入上手状态之后便会抽身而去，人们不再感觉到它的存在，而仅仅享受着它的存在，直到该用具不能正常地发挥作用。在正常的一般技术活动中，众多的普通刺激是不会引起个体的注意的，只有"用具不能正常地发挥作用"所造成的技术问题才会刺激个体的注意，引起进一步的探究。所以，笼统的认为经验是个体技术知识的起点是不合适的，技术问题才是个体技术认识的起点。但经验一旦形成之后，是否可以是共享技术知识的起点呢？我们认为，经验是形成共享技术知识的必要条件，而非充分条件。经验转化为共享的技术知识需要中间环节。

一个显然的情况就是以经验形态存在的技术认识与人类有着同样久远的历史，而工程应用科学等共享技术知识则是近代才出现的。从人类诞生起，就在不断地从试错中积累着经验，我们可以惊叹传统经验技术的高超水平，但传统的经验技术是"知其然而不知其所以然"的技术，这种经验的技术如何转变成"既知其然又知其所以然"的现代共享技术的？有一个例子可以说明这种转变，1712 年纽可门蒸汽机的出现。17 世纪的英国，矿业因地理位置的限制而无法利用水能带动机械的运转，迫切需要一种大功率动力机械帮助矿井抽水。1690 年，法国科学家帕潘（Denis Papin）通过实验发现了常压蒸汽机的主要工作原理，"他发表论文描述这些实验，提出大气的力量可以用来从深井里提起水和矿物、推动枪弹、不用帆便推进船只"②。纽可门是达特茅斯的一个小五金商，出售工业用的金属器具，这使他能广泛地接触到那些制造和使用各种机器的人，特别是那些在采矿场干活的人。因此，他最合适接受帕潘

---

① 贝斯特：《认知心理学》，中国轻工业出版社 2000 年版，第 36 页。
② 乔治·巴萨拉：《技术发展简史》，复旦大学出版社 2000 年版，第 102 页。

的常压蒸汽机概念，并把它变成一个能为矿山抽水的合适设备。纽可门正是在接触到帕潘的常压蒸汽机工作原理之后，才在 1712 年将实用的蒸汽机变成现实①。"促使纽可门蒸汽机发明产生的一些机械要素可追溯到欧洲 13 世纪早期的一些东西，另一些则是 13 世纪中国的一些东西，还有一些在基督诞生前 1 至 2 个世纪就出现了"②。可见，在纽可门蒸汽机出现之前，历史积累的丰富经验知识和现实环境的经验总结只有在与科学理论（常压蒸汽机工作原理）相融合，共同解决一个技术问题（矿井的排水问题）时，才能转化为共享技术知识（纽可门蒸汽机的设计与制造）。单纯地认为经验是共享技术知识的起点也是不合适的，经验积累的结果依然是经验，它的跃迁需要科学理论的引入，需要与科学理论一起解决的技术问题。因此，技术问题才是共享技术知识的起点。

81

从技术认识的角度看，并非任何的经验都能引发技术活动的进一步发展，它必须是技术活动中所产生的经验，是在一定的技术环境中形成的；必须有某种未知的情况与已有的技术环境形成冲突和不协调。也就是说要形成技术问题，只有问题才有这种聚焦性，才会出现进一步的对问题的选择、判断和解决活动，实现技术认识的深化。所以，科学理论和经验可以说是技术认识的潜在来源，只有在技术问题形成之后，这种潜在性才能现实化，才能发挥作用。

3.1.2 技术问题的形成

既然技术问题是技术认识的起点，那技术问题是如何形成的呢？社会需要被通常认为是促成技术的产生和发展根本原因，但是它要现实地推动技术认识的产生和形成，必须通过影响技术认识的各个因素的作用而聚焦成技术问题。技术问题的出现，源于影响技

---

① 参见乔治·巴萨拉《技术发展简史》，复旦大学出版社 2000 年版，第 101—106 页。

② 同上书，第 43 页。

术认识的各个因素间的协同和反馈作用。

第一，技术认识中理论与经验的相互作用。技术认识中的理论包括科学理论和技术原理，经验是指对具体技术活动实际状况的认知。在技术认识中，需要理论来引导新事实的发现，但是新发现的事实也会补充、改变甚至推翻原有的理论。理论与经验之间的这种协同和反馈作用，导致技术问题的产生和解决，形成具体的技术设计方案和操作规则。在具体的技术活动中，是没有完全按照已有科学理论和技术原理的指导来设计具体的技术方案和操作规则的。因为已有的理论虽然也是在经验的基础上形成的，但经验是有限的，理论的适用范围是有限的，具体的工程活动则是多种多样的，面临的实际条件也是各不相同的，已有的理论不具有这种普遍性，必须与经验结合起来解决具体的技术问题。正如陈昌曙先生所言，"桥梁工程学的基本道理是相通的，建桥的设计方案虽也属理性的东西却有千差万别……即或是同一跨度、类似要求、相近投入，也会有各具千秋的多种设计方案"①。正是理论与经验的相互作用形成具体的技术问题，对这些问题的解决就会形成各种不同的技术方案，产生各种不同的技术人工物。

第二，技术活动各环节之间的相互作用。在解决了理论与经验之间产生的问题之后，技术活动就进入下一个阶段的解题过程。具体的技术活动大致可以分为产品的设计、产品的制作和产品的使用三个阶段，虽然这三个阶段有时间上的先后顺序，但在实际的活动中，并不是从设计，经过制造，到使用的线性过程，而是一个协同反馈的非线性过程。这个过程是马克思所说的，"最蹩脚的建筑师从一开始就比最灵巧的蜜蜂高明的地方，是他在用蜂蜡建筑蜂房以前，已经在自己的头脑中把它建成了"②，即工程师在设计之初就已经在头脑中形成了最终产品的形象，而且是不断解决这三个阶段

---

① 陈昌曙：《技术哲学引论》，科学出版社 1999 年版，第 172 页。

② 马克思：《资本论》第 1 卷，人民出版社 1975 年版，第 202 页。

之间的相互作用所产生的技术问题的过程。如方案设计中所要求的精度是一个理想值，而在制造中所能达到的精度值是一个实际值，二者之间并不会完全一致，虽然实际值要尽可能的接近理想值，但实际值的波动范围也要求在设计过程中对理想值做出调整，这就是设计工艺与制造工艺之间的问题。同样，产品功能与设计工艺之间同样会产生问题，因为设计中的产品都有一定的预期功能，但在产品投放市场之后，其功能则是开放性的，消费者不一定按照其设计功能来使用，这就需要在后续的设计中做出调整。如爱迪生发明了留声机之后，认为它的主要功能是听写记录而非录制音乐，在推向市场之后，其主要功能却转变为音乐娱乐，功能的转变要求留声机的设计做出修正，由听写机器转变为电唱机。

第三，科学发现的技术开发。新的科学发现也就是发现了新的自然现象和规律。这种崭新的发现会因为与已有观念的冲突而造成人们的巨大困惑和问题，吸引大批的科学家进行多角度的相关研究，形成系列的科研成果。1820 年，奥斯特（Hans Christian Oersted）发现通电导体周围存在着磁场的现象之后，安培（André - Marie Ampère）提出了电流和磁铁间的相互电动作用力的最初理论，阿拉戈（Jean Arago）等人则提出了制造原始电磁铁的方法，法拉第（Michael Faraday）则发现了电磁感应现象。电磁感应便是发电机和电动机的工作原理。当然，科学上的新发现也会产生众多的技术问题，引发崭新的技术发明。对科学发现的技术开发往往是重大技术变革的起点，会导致一系列的技术发明和创新，形成一个新的技术领域。如上述电磁感应现象的发现导致了发电机和电动机的出现，由此引发电力革命成为第二次技术革命代表。19 世纪末物理学的三大发现（X 射线、放射性现象，电子）不仅使物理学进入了现代阶段，在技术上也引发了原子能的开发和利用。

这三种形成技术问题的方式可以分成两类。前两种方式属于常

83

规的技术认识，所产生的技术问题是所有常规技术活动中都会出现的，对它们的解决也是常规技术认识所面临的任务。虽然这种常规的技术活动也能形成局部的革新和发明，但对已有技术认识的作用力有限，处于不断的积累中。第三种方式则属于非常规的技术认识，它是随着科学的发展突然出现的，对这些问题的解决需要采用新的技术方法和手段，这种非常规的技术活动对技术的发展影响巨大，往往能引起革命性的技术变革。科学理论对技术问题的形成，乃至整个技术认识过程的作用越来越大，使技术问题获得了新的质，使技术认识产生了新的飞跃。

84

在具体的技术活动中，所出现的问题是多种多样的，究竟哪些问题能引导技术认识的进一步深入，在实际的技术认识中需要做出这种甄别。因为在技术活动中所形成的问题并不一定是真实的问题，也可能是虚假的或者表面的，对技术问题的甄别就是需要排除这些虚假和表面的问题，发现真实的技术问题。对于那些因意义模糊而无法着手解决的问题和远远超出现有技术条件而根本无法解决的问题，对这些问题都需要做出调整，转化成在现有技术条件下，通过努力能够解决的技术问题。因此，在具体的技术活动中，首要的步骤就是对技术问题进行分析和判定。

技术问题具有聚焦性，它本身是一个综合体，并不仅仅是单纯的技术因素，还涉及经济、政治、军事、文化等方方面面的因素，最终的技术产品是这些因素之间协调妥协的结果。所以对技术问题进行分析，就是要确定它的真实性，弄清楚它所涉及的因素。如"二战"后，美国热衷于核动力交通工具的研制，其中大多数以失败告终，原因就是忽视了技术问题中的某些因素。因无法解决中和放射性废气的技术难题而在1972年终止核动力火箭的研究；因无法解决生态后果和道德问题而在1965年终止了核动力太空飞行器的研究；因无法解决防护屏的问题而放弃了核动力飞机的研制；因经济性达不到要求而在1971年封存了"大草原"号核动力商船①。

对技术问题的分析，还需要使问题简化、明确化和具体化，以便于找到解决问题的突破口。通常情况下，常规的技术问题是易于解决的，非常规的技术问题的解决则是困难的。因为非常规的技术问题对于研究者来说是全新的问题，虽然目标明确，但实现目标的过程则是艰难的，需要对问题进行纯化，消除干扰，或者转化为易于解决的问题，或者分解为有序的几个子问题，以逐步达到对问题的总解决。法拉第所要解决的技术问题是如何将磁能转化为电能，从 1825 年第一次实验开始，到 1831 年电磁感应的发现，中间经历的 7 年的时间。"在 1825 年到 1831 年之间，为了将磁转变成电，法拉第进行了一系列不成功的尝试。但在最后一年里，他对此有了一种新的想法，因而在相对较短的时间内获得了成功。"②

对工程师来说，所获得的技术问题不仅要是真实的，而且是通过努力能够解决的，这就需要对所面临的众多问题进行比较、分析和判定。

3.1.3　技术问题的实质和类型

如前所述，科学理论和经验是技术认识潜在来源，只有在技术问题形成之后，这种潜在性才能现实化，才能发挥作用。所以技术问题是技术认识的起点。那么研究技术认识就需要对技术问题进行具体的分析：技术问题的本质是什么？它具有什么样的结构？有哪些类型？我们应该怎样分析技术问题？

3.1.3.1　技术问题的实质

技术问题具有一种聚焦性，它本身是一个综合体，并不仅仅涉

---

① 参见乔治·巴萨拉《技术发展简史》，复旦大学出版社 2000 年版，第 198—201 页。

② 参见查尔斯·辛格等编《技术史》（第 5 卷），上海科学教育出版社 2004 年版，第 122 页。

及单纯的技术因素，还涉及经济、政治、军事、文化等方方面面的因素，也就是说技术问题只能是一定环境中产生；同时，技术问题中必须有某种未知的情况与已有的技术环境形成冲突和不协调。也就是说，技术问题是由多方面因素构成的一个矛盾，因此，它也就能成为技术认识的起点。技术认识的过程是技术问题的形成、展开和解决，从更根本的意义上讲，也是矛盾的形成、展开和解决的过程。

一般我们将如下问题称为技术问题：

（Ⅰ）如何将磁转化为电？

（Ⅱ）如何为矿井排水提供持续稳定的动力？

（Ⅲ）治疗感冒需要吃什么药？每天吃几次？每次吃多少？什么时候吃？需要吃几天？

从这些问题的表述上看，技术问题至少包含两个对象，磁与电、排水与动力、感冒与药，这表明技术问题至少是由两方面的因素构成的矛盾。对这些问题做进一步的分析会发现，这些技术问题中包含着已知与未知的矛盾。问题（Ⅰ）至少包含如下已知内容：(1)磁与电之间存在着相互作用力，(2)电可以转化为磁，(3)磁场中运动的导体可以产生电流；包含的未知内容则是：(4)怎样运行的设备可以实现将磁转化为电。考察技术史可以发现，已知中的(1)由安培发现，(2)由阿拉戈发现，(3)由法拉第发现，(4)则直接导致发电机的产生①。问题（Ⅱ）和（Ⅲ）也都包含着各自的已知内容和未知问题。所以在技术问题的表述中，虽然没有明确的显示出已知的内容，但它们却是技术问题的必要成分，只有在已知的基础上才能出现技术问题。

这种已知与未知的矛盾，更是已行与未行的矛盾，对技术认识来说，体现了已有理论与新经验之间的矛盾。新经验对新的技

---

① 参见查尔斯·辛格等编《技术史》（第 5 卷），上海科学教育出版社 2004 年版，第 122 页。

术活动的具体状况的认知，包括新的事实和新的目的，而这些新的事实和目的在原有理论范围内是不能得到解决的，要解决新的矛盾和问题需要创造性的活动。新经验是这种创造性的活动中的核心要素，它决定着问题的形成和解决。技术认识中已有的理论虽然也是在经验的基础上形成的，但旧经验是有限的，这直接导致其适用范围是有限的，只能在一定条件下实现一定的目的，而具体的工程活动则是多种多样的，面临的实际条件和所要实现的目的各不相同的，已有的理论不具有这种普遍性。因此，技术认识中已有理论与新经验之间的矛盾实质是旧经验与新经验之间的矛盾。

87

　　技术认识中的已有成果在一定条件下能够实现一定的目的，对已有技术问题的解决是有效的；但是技术活动时时刻刻都会发现新的事实，形成新的问题，已有成果在一定程度上解决这些新的问题，由此形成的经验也处在不断的积累中，直至突破已有的成果而形成新的技术认识。如最初电动机的发明借用了很多蒸汽机的机械装置，除了锅炉和燃烧炉以外，虽然电磁感应理论并没有要求电动机一定要同蒸汽机一样工作①，但电动机很快拜托了蒸汽机的影响，形成了自身的发展方式，由小功率的电动机转变为大功率的电站，由直流电转变为交流电②。

　　技术认识处于不断的发展中这一事实表现了人类认识的最深层次的矛盾，即一定阶段人类认识的有限性与人类整体认识的无限性之间的矛盾。在创造人工自然的过程中，新的技术问题不断出现，这就需要从不同角度和层面对已有的技术条件进行改造。"就一切可能来看，我们还差不多处在人类历史的开端，而将来会纠正我们的错误的后代，大概比我们有可能经常以极为轻视的态度纠正其认

---

　　①　乔治·巴萨拉:《技术发展简史》，复旦大学出版社 2000 年版，第 44—45 页。
　　②　参见查尔斯·辛格等编《技术史》（第 5 卷），上海科学教育出版社 2004 年版，第 122—138 页。

识错误的前代要多得多。"①

提出技术问题就是为了解决它，因此技术问题的解决也是技术活动的任务，但是技术问题的提出和解决都是有条件的。技术问题的提出需要一定的客观条件，人类始终只能提出自己能够解决的任务，技术问题只有在技术活动的过程中才能出现，也就是说只有在一定的技术条件的基础上才可能出现技术问题。技术问题作为多重因素的综合体，它体现了已知与未知的矛盾，更体现了已行与未行的矛盾；作为技术活动所要解决的任务，它的提出和解决都需要一定的条件和基础。对技术问题做这样的分析，是解决技术问题的第一步。

3.1.3.2　技术问题的类型

在具体的技术活动中所出现的技术问题大多是常规的，也就是技术活动的各环节相互作用产生的技术问题。具体的技术活动大致可以分为产品的设计、制作和使用三个阶段，它们之间是一个协同反馈的非线性作用。在这个过程中，会出现大量的技术问题。所以，明确技术问题就需要明确它所处的阶段，究竟是设计问题，还是制作问题，还是使用问题，不同阶段的问题对技术认识乃至技术活动的影响是不同的。相对来说，设计问题影响最大，制造问题次之，使用问题则易于调整和解决。同样，任何一个技术问题都不是单纯孤立的，与之相关的技术问题是众多的，由此形成了一个问题集。问题集之中的技术问题有着某种共性，问题间或者表现为对等关系，或者表现为因果关系，或者表现为交叉关系等等。明确某一具体技术问题在问题集中的位置、重要性，受哪些问题影响以及它能影响哪些问题就变得很重要。

除按照技术活动不同阶段来区分技术问题以外，还可以在一般意义上对技术问题做出区分。

---

①　恩格斯：《反杜林论》，转引自《马克思恩格斯选集》（第3卷），人民出版社1995年版，第426页。

依据技术问题产生的原因，可以区分为：（1）已有理论与新经验之间的技术问题。在具体的技术活动中，是没有完全按照已有科学理论和技术原理的指导来设计具体的技术方案和操作规则的。虽然具体的设计方案和操作规则需要理论的引导，但它也会补充、改变甚至推翻原有的理论。已有理论与新经验之间的这种协同和反馈作用，导致技术问题的产生和解决，形成具体的技术设计方案和操作规则。（2）技术活动各环节之间的相互作用。具体的技术活动大致可以分为产品的设计、产品的制造和最终形成实际的产品三个阶段，虽然这三个阶段有时间上的先后顺序，但在设计工艺、制造工艺和产品功能之间并不是线性过程，而是一个协同反馈的非线性过程，由此形成设计问题，制造问题和使用问题。（3）科学发现的技术开发中的技术问题。把科学上的新发现应用于技术领域，会产生众多的技术问题，产生崭新的技术发明。这些崭新的技术发明往往是重大技术变革的起点，会导致一系列的技术发明和创新，形成一个新的技术领域。

依据技术问题的性质，可以区分为：（1）常规技术问题，即在技术发展过程中，在原有基本技术原理的范围内所产生的技术问题；（2）非常规技术问题，即在技术发展过程中，突破原有基本技术原理所产生的技术问题。如在炼钢法中，传统的坩埚法主要依据的技术原理是在坩埚中加入木炭和生铁，然后用反射炉加热使生铁脱碳变钢，在这一基本的技术原理下，如何增加坩埚的容量和改变坩埚的材质就属于常规的技术问题；而如果要采用蓄热式加热法，直接在反射炉中熔化生铁使之脱碳变钢，如何设计这样的炼钢炉，即西门子—马丁炉则是非常规的技术问题。

当然，还可以依据很多不同的原则和标准对技术问题进行分类，所得到的不同技术类型都从不同的侧面展示了技术问题的不同性质，对技术问题的解决有着各自不同的用处。比如明确了是常规技术问题还是非常规技术问题，也就提供了解决问题的基本思路。但是由于技术问题所涉及的因素众多，不同角度的分析都会对问题

89

的解决产生影响，因此对技术问题类型的区分应是多方面的进行，不存在某种全面而又有用的分类方法。

对技术问题的分类，首先就需要从本质、构成等多方面来考虑，类型的区分是问题分析的结果。此外，类型的区分还有两个要求。一是综合性。技术问题本质是多层次的，其构成所涉及的因素也是多方面的，只依据一个标准所进行的类型区分是不能够揭示技术问题的这种多样性的，所以，要对技术问题形成全面而有效的区分，应当将依据不同标准所进行的区分综合起来。从多种不同的角度对技术问题做尽可能多的透视，会使这个问题更为具体和鲜明，对它的解决也就有了较为明晰的路径。二是有效性。对技术问题做类型的区分是为了技术活动的顺利展开，分类应成为解决问题的有效依据，需要避免使技术活动进入歧途的分类。有效性是判断分类成果的主要标准。当然，根据综合性和有效性的要求，在技术活动中，并不能平等的处理所有类型的问题，而是需要对不同类型的问题做出主次之分，分出主导性的技术问题和辅助性的技术问题，这也有助于技术活动的有效展开。

3.2　技术设计:技术认识的形象化

设计主要是一种解决问题的活动，技术设计主要是解决技术问题的活动。技术问题的分析和明确过程，也是为解决技术问题提供方向和指引的过程，技术设计就是把这种方向和指引具体化、细致化和形象化的过程。

3.2.1　技术设计：技术认识的核心环节

关于设计的文献，最早出现在 19 世纪五六十年代欧洲的工业化国家。在那时，设计被认为是建筑师、工程师、工业设计者以及其他人绘制出委托人或者出资人所需要的图纸。但是现在情况不一样了，人们对设计的认识理和解也出现了多样化。侯悦民等在文章

《设计的科学属性及核心》中列举了 9 种设计的界定[①]：

（1）意指制作一个特定的人工制品或理解一个特定的活动的计划或者安排。

（2）是用知识连接功能和结构。

（3）是一种社会性的调解活动。

（4）转换需求为设计描述，需求一般被称为功能，此功能具体表达所设计的人工制品的目的。

（5）是一种有目的的人类活动，使用认知过程转换人类需求和意图为物化的实体。

（6）将想法转化为现实。是复杂的问题求解活动。对一个特定的项目寻找最好的可能解。以最好的可能方式满足特定需要的智力尝试。

（7）是通过理解和应用自然定律，缓解人类条件的匮乏的创造和实现活动。

（8）是一种由设计代理（设计者）为获得在设计状态下以及其相关设计过程的知识变化而进行的活动或认知过程，以达到某个设计目标。设计代理关注的主体是目标、行动和知识。

（9）是推理性认知活动，被分解为更小的步骤、过程、和/或阶段。

当然，对设计的不同理解不仅仅只有上述 9 种，还有很多其他的界定，如"开始在人造物中实施改变"[②]，"从广义上讲，设计是人类改变自我和世界的创造性活动，是人类发展的基础。一般而言，设计就是设想、运筹、计划和预算，它是人类为实现某种特定目的而进行的创造性活动。"[③] ……对这众多的定义进行细致的分析，就会发现两个有趣的情况：一是这些界定是如此的不同，以至

91

---

① 侯悦民等：《设计的科学属性及核心》，《科学技术与辩证法》2007 年第 24 (3) 期，第 23—28 页。

② J. Christopher Jones. *Design Methods*. New York：John Wiley & Sons，1980. 4.

③ 曹耀明：《设计美学概论》，浙江大学出版社 2004 年版，第 3 页。

于很少有相同的概念出现在不同的界定中；二是他们都没有提到绘图，然而绘图确实是所有的设计中最常见的一种活动。尽管如此，我们仍然可以体会到，设计是人类的一种自觉地创造活动，是人类为了一定的目的而进行的改造人工物的思维过程。

随着 20 世纪 80 年代技术哲学"经验转向"的兴起，技术设计也逐渐成为技术哲学研究者关注的重心。克罗斯认为技术人工物具有结构和功能两重属性，功能描述和结构描述彼此独立，但是功能和结构又能完美地结合在一件技术人工物之上，是什么导致这一现象的出现？克罗斯认为是技术设计。技术设计要在"一个客体的功能描述（即设计过程的输入）和结构描述（即设计过程的输出）之间的鸿沟上架设桥梁"，技术设计过程就是"一种解决问题的过程，在这个过程中一种功能被翻译或转换成一种结构，它通常是以收集关于所渴望的功能的知识为开始，以一个设计为结束，这个设计则是一个关于可实现所苛求功能的物理客体、系统或过程的蓝图"①。可见，在克罗斯看来，技术设计是工程技术活动的中心环节。文森蒂也把工程集中在设计的观念上，"工程指把任何人工制品的设计和建造组织起来的实践活动，这种人工制品对围绕我们的物理的世界进行转换以适合于公认的需要。"②

技术设计在国内学界也引起了较为广泛的讨论。张华夏和张志林教授认为技术设计"是技术认识论的中心概念之一"，是要说明如何构造一个尚未存在的人工客体。技术设计由两部分构成，一是"操作原理"，用来说明装置是怎么工作的，即其各个组成部分是如何组合起来实现其有效功能的；二是"具体型构"，用来说明装饰的外形、结构和组织形式③。此外，李伯聪教授在工程哲学的范

---

① Peter Kroes. *Technical functions as dispositions*：*A critical assessment*. Techné，2001，5（3）：1—16.

② Walter V. *What Engineers Know and How They Know It* . Balltimore and London：The Johns Hopkins Press，1990.45.

③ 张华夏、张志林：《技术解释研究》，科学出版社 2005 年版，第 29 页。

畴内讨论了技术设计，陈凡教授等则在研究技术知识和技术认识论的过程中讨论了技术设计。

那么，究竟什么是技术设计？我们认为，技术设计的本质是工程师运用设计理论和方法，在创制和改造技术人工物的过程中，把思维中的技术构思规范化、定量化，并把它们以标准的图纸或说明书的形式展现出来的创造性活动。从其外延上看，我们所讨论的技术设计包括了工程设计、工业设计和产品设计等设计活动。

因此，技术哲学所探讨的技术设计具有如下明显特征。

第一，创新性。技术设计是创造出原本不存在的技术人工物或者对原有的技术人工物进行改造，这一过程是工程师根据现有的信息来预测人工物的未来状态，最终的设计成果在出现之前必须被假定为它一定会出现，因此，设计者在活动过程中，必须依据假定的结果而不断的回视，并随时做出调整以期假定的结果能够出现。预测的未来必须是正确的，否则设计就不能成功，所以，在技术设计过程中，除了逻辑思维之外，还有大量的非逻辑思维，灵感、猜测等发散式思维和形象式思维在技术设计中会起着关键的作用。

第二，实践性。西蒙（Herbert Alexander Simon）在谈到设计问题时认为，"工程师及更一般的设计师主要考虑的问题是，事物应当怎样做，即为了达到目的和发挥效力，应当怎样做。"[1] 因此，技术设计不仅是以实践为指向的，而且其自身就是一个技术实践活动。"技术设计越来越多地考虑满足人的使用功能、社会心理需求、个性要求等方面，技术人工物的外观、形态、功能等方面不断进行改进越来越趋于实用化、美观化、多样化和新颖化。"[2]

第三，社会性。技术设计自身并非一个单纯的工程技术活动，设计的对象是一个技术—社会系统，因此还必须考虑到众多的其他

---

[1]　Simon. H. A. *The Sciences of the Artificial* . MA：MIT Press，1981. 132—133.

[2]　张秀武：《技术设计的哲学研究》，山西大学科学技术哲学研究中心 2008 年，第 12 页。

社会因素，除了上述使用者的个体的文化和心理因素之外，更多的包含着制度性、社会文化、社会心理等因素。在技术设计的过程中，相关社会利益群体的意志都会影响到设计的方向，因此，技术设计是一个相关利益群体相互博弈的过程，设计的最终成果只能是一个兼容折中的方案。正如陈昌曙先生所说，"现实的技术活动，面临着复杂的、相互牵制的因素和关系，人们可能会建构和提出多种各有所长的实践方案，而却没有一种方案能最全面兼容各种设计的优点，而又能最大限度地排除它们的弊端，而只能在这些方案中做出相对合理有效的折中选择，避免顾此失彼而有折中兼容。"①

94

第四，系统性。除了社会性使得技术设计具有很强的系统性以外，技术设计自身也是一个系统工程。较为典型的技术设计包括：设计准备、设计初步、设计深入完善、制造指导几个阶段。准备阶段，工程师要熟知设计对象的相关知识，并明确此设计所要解决的技术问题；初步阶段，工程师对设计对象进行初步的构思，并以草图的形式呈现出多种方案，并从中选优；深入完善阶段，工程师对入选方案进行具体细致的设计并做出评价，依据实际需要确定设计对象的尺寸，以效果图或者模型的方式呈现。除此之外，工程师还需要为人工物的制造所需的材料，制作工艺，人工物的结构、装配、模具等进行设计，以保证制造活动的顺利进行。如前所述，技术设计的每一步骤都需要回视前面的步骤，以保证预测的结果能够实现，因此技术设计自身就是一个系统性的整体工程。

从上述四个基本特征可以看出，技术设计与艺术、科学和数学很相关，需要明确的是，技术设计并非它们中的一种，整个技术设计过程需要这三者的参与。其实，技术设计与艺术、科学和数学是有很大的区别的，最重要的一点就是时间维度。艺术家和科学家面对的时间是当下，数学家面对的抽象关系不受时间的影响，但是工程师却必须把可设想的未来当作真实的存在来对待，并且还需要详

---

① 陈昌曙：《技术哲学引论》，科学出版社1999年版，第143页。

细说明能够使这种预见能够实现的方法。

　　科学家的目的是描述和解释已经存在的现象，他的态度就是怀疑，通过仔细的实验来反驳假说，寻找真理。艺术家，如一名画家，他的目的是精巧的绘画并从中得到满足。当然，艺术家也会有草图、模型等，但在这种情况下，包含更多的是艺术家的情感性而非工程师的深谋远虑。数学的世界不是物理的，而是关系的、精确的和永恒的。对于数学家来说，问题一经描述就立即存在了，问题的求解必须是逻辑的。数学的解题方式，可以用抽象的符号来描述，它必须是完全正确的，在某种程度上还必须具有传统的典雅。

　　对于工程师来说，在他做出预测之前，需要了解当下，这就需要科学的怀疑和认知实验结果的能力；但是在做预测的时候，科学的怀疑就不起作用了，而必须采用其他的方式。当工程师进入初步设计阶段，面临着大量的取舍，需要从中选择一个能够支持他们决定的方案时，"艺术手法"的作用就突出了。在这种情况下，工程师需要做出快速的反应，形成相应的模型，这种模型由随手所做的草图、头脑中精确的图景和实验性的设计构成。这就是灵感，不仅艺术创作中需要，技术设计中同样需要。数学家的方法就是用抽象符号来表述他的假设，然后巧妙的推演这些符号并找到答案。但是在技术设计中，只有当问题明确了并且不会发生改变的情况下，这时来解决目标与细节之间的冲突时，这种数学的方法才会有用。为不断变化的问题寻找解决办法是技术设计中最困难的，也是最有挑战性的工作。当一个设计问题能够用数学的方式表述时，那它就可以在电脑中自动解决而不需要人的介入了。

3.2.2　技术设计方式的多重类型

　　技术设计的方式是多种多样的，从不同的角度对它们做出深入的探讨是必要的，也是有益的。分析技术设计的角度有三个：创造性、合理性和过程控制。从创造性的角度看，技术设计可以看作是一个黑箱，只能看到其中一些难解的创造性飞跃；从合理性的角度看，技术设计则可以看作是一个白箱，可以清楚地认识到其中的合理过程；从过程控制的角度看，技术设计又可以看作是一个系统，能够找到通过未知领域的捷径。

3.2.2.1 技术设计作为黑箱

从创造性的角度来分析技术设计，关注点在于工程师大脑思维的创造性，由于现阶段不能细致的把握大脑思维的具体过程，因此，技术设计的思维过程也就成了一个黑箱，工程师不能详细的说明是如何获得这种设计方案的。"所谓创造性思维，乃是认识主体在科技实践中，由于发现合适问题的引导而以该问题的解决为目标前提下，基于其意识和无意识两种心理能力的交替作用，当暂时放弃意识心理主导而由无意识心理驱动时，突然出现认知飞跃而产生出新观念，并通过逻辑和非逻辑两种思维形式协作互补以完成其过程的思维。"[①]所以，创造性的人类行为只能被解释为神经系统的作用而没有意识的介入，如同我们能够成功的拿到书桌上的铅笔而眼睛并没有看到它那样。当我们的大脑接收到外界输入的信息之后，它就会调整自己的工作模式，在经过多次徒劳的尝试之后，新输入的信息会刺激大脑形成创造性的设想。当然，在创造性思维中，大脑的工作模式不仅要与新输入的信息协调，还必须与大脑中记忆中的信息相协调，其中的关键是对不明确信息和相互矛盾信息的容纳。当技术设计作为黑箱时，需要明确以下四点：

（1）工程师输出的信息由三种输入信息支配：当下问题的输入信息，以前问题的输入信息和经验的输入信息；

（2）在工程师接收了大量的信息输入之后，如果在更加随意的情况下，排除社会的抑制因素，其信息输出速度会更快；

（3）把问题的结构设想为一个整体，在给定的时间内，工程师的输出能力取决于他所能吸收的信息和对这些信息的处理。在经过长时间徒劳的找寻解题方法之后，工程师可能会突然察觉到一个

---

① 傅世侠、罗玲玲：《科学创造方法论》，中国经济出版社 2000 年版，第 285 页。

新的构建问题的方式，矛盾就这样被解决了。这种愉悦的体验有时被称为内部的飞跃，通过它，复杂的问题就能够被简单化。

（4）控制信息输入方式的能力有助于提高获得有益于解决技术设计问题的输出信息的机会。

3.2.2.2　技术设计作为白箱

与把技术设计视为黑箱的观点相比，大多数的技术设计方式建立在合理性的基础上，即使对设计过程中某些决策，工程师并不能给出令人信服的解释，但整个设计过程是可以解释的。合理性的技术设计"强调用逻辑的、实践的、解决问题的、有条理的和有纪律的方法来处理客观事物，它依靠计算、精确和衡量以及系统概念，从这些方面来看，它是和传统的、习惯的那种宗教方式、美学方式和直观方式相对立的"①。在合理性的设计过程中，工程师知道他在做什么，也知道他为什么要这么做。在合理性的技术设计中，工程师就像电脑那样处理输入的信息，根据计划好的顺序，首先对输入的信息进行分析，其次综合其中有用的信息形成初步的方案，最后对形成的初步方案进行评估，如果评估中的方案不能通过，那么重复上述步骤直到在所有可能的方案中找到最合适的那个。作为白箱的技术设计需要具备以下几个条件：

（1）设计的目的、设计及过程中的变量和设计方案的标准是预先确定的；

（2）在设计之前，对所要解决的问题和具备的条件都有了较为明确的认知；

（3）对方案的评估主要是逻辑的，而非实验性的；

（4）设计的步骤都是预先确定的，它们之间是连续的并且可以循环。

所以，这种设计方式面临着一个关键问题，那就是设计活动能否分解为可以连续解决或者一并解决的小问题。如果可以，那么更

---

① 丹尼尔·贝尔：《后工业社会的来临》，商务印书馆 1986 年版，第 404 页。

多的精力就会投入到每个子问题的解决中，整个设计过程就会缩短。当然，大的工程设计活动通常都是分解成部分，以便集中很多工程师一起工作，但是每个部分的完成方式不是单一的，而是多样化的。如同电话系统那样，整个系统是开放的，每一个功能都已指派给某一个单独的元件，这些元件通过事先确定的插口连接起来，功能与元件之间是一对一的关系，输入和输出装置在一开始就已经确定了，即便是出现小的背离也不会破坏已经安排好的设计顺序。但是在很多情况下，比如设计一栋大楼、一辆汽车，其功能不能指派给那些单独的组件，而是一个复杂的整体，因此要把设计活动分解开是很困难或者是不可能的。这种情况下，就需要一个责任工程师，无论是整体的布局还是细节的设计，都由他来做出关键性的决策。比如一个建筑工程师，为了达到整体的设计效果，他不仅要关注整栋楼的设计布局，还需要关注窗户的细节设计。当然，在他确定整体的布局和把剩下的工作分配给他的下属之前，责任工程师已经凭借自己的经验或者创造性解决了那些关键的子问题。

在某些情况下，设计活动是可以重复的，比如设计一条路，就是把工程师的经验具体化，这样的设计可以看作是习惯性的活动，但是一旦发生错误，代价也是很高昂的。完全习惯性的技术设计是不可能存在的，因为必要的经验是不可能预先存在的，它只能在设计过程中经过探索和检验才能形成。可见，在技术设计过程中，无论"白箱"还是"黑箱"的方式，都不能完全满足要求，需要一种能够综合二者优势的新方式。

3.2.2.3 技术设计作为系统

把技术设计过程看作是"黑箱"或者"白箱"，扩展了寻找解决技术问题途径的领域，但在具体的设计过程中，工程师既不能完全依靠直觉来做出选择，也不能完全依靠高速计算机来自动完成。也就是说，既不能把设计过程单纯的看作是黑箱，也不能单纯的看作是白箱，而应该看作是一个系统。

既然是一个系统，那就由不同的子系统构成。技术设计过程作为系统由两部分构成：（1）设计；（2）控制和评估。也就是说将技术设计过程分为两个相对独立的子系统，负责设计的工程师只关注自己的设计工作，而无需对整个设计项目进行控制，也无需对输出的成果（设计方案）进行评估；负责控制和评估的工程师则不涉及具体的设计过程，只需要对整个设计过程进行控制和对设计方案进行评估。为什么要区分为这样两个子系统？因为"设计人员对自己的产品熟悉到一定程度后，就很难再预测用户会遇到什么样的问题，对产品会有什么样的误解，以及可能会出现什么样的错误操作。如果设计人员无法作这样的预测，他们就不会设法去降低操作错误发生的几率或是去减轻操作错误造成的不良后果。"[①]

99

这种系统的设计方式将设计与最终的目标联系起来，避免了设计过程的盲目性，使得设计团队中的每位工程师都能根据最终的目标来决定自己每一步的设计，并且通过控制和评估，使得最终的设计成果是多方协调的结果，比如在设计的技术条件、设计成果的影响以及设计的成本之间形成一个适当的平衡。要实现这一设计目标，首先要说明计划目标与设计情况之间的关系，使得每位工程师对设计活动能有一个整体的把握；其次是根据评估，合理的说明每种计划最有可能出现的结果，选取其中最有希望实现的那个计划。

可见，这种设计方式将每一步的设计活动与最终目标连接起来，对每一步设计都进行评估，以明确其是否有利于最终设计目标的实现。此外，还需要对设计计划进行控制[②]。

（1）明确关键性的决策。尽早确认每一个关键决策，并且根据新的可靠信息随时做出调整。关键性的决策包括技术设计活动中最初的假定、目的、模型的选择、计划的选择和调整计划的程序。

（2）设计成本中要包括错误决策的代价。

---

① 唐纳德·诺曼：《设计心理学》，中信出版社 2003 年版，第 162 页。

② J. Christopher Jones. *Design Methods*. New York and Chichester: John Wiley & Sons, 1980. 57—58.

（3）把设计活动交给合适的工程师来完成。

（4）确认有用的信息，信息的可信度必须经过可靠的评估。

（5）探究设计成果与其使用环境之间的相互作用关系。设计成果投入使用之后，必定会根据环境的影响而做出相应的调整，环境也会因为成果的使用而发生一定的变化。设计成果与其环境之间的这种相互作用，必须在选择和调整设计计划之前做出评估，只有在把握它们之间的这种关系之后，才能做出关键的决策，才能确定设计活动的最终目标，才能弄清楚所要解决问题的结构。

3.2.3 技术设计的三个阶段

描述技术设计的过程，用得最多的方法就是把它分成分析、综合和评估三个阶段，也就是分析问题，重新综合，实践检验。在具体的技术设计过程中，这个顺序需要循环很多次，只是每一次循环都会比上一次更具体。

3.2.3.1 分析问题

技术问题的凸显表明在原有的技术环境中已不能轻易地解决它，而需要在更大的范围内纳入新的因素才能找到解决的办法。要找到解题方法，首先是分析问题。在分析问题阶段，需要明确问题的范围和所涉及的相关因素，明确技术设计的目标和实现方式。为此，工程师不能忽视认识与问题相关的信息，即便是后来被证明是无效的，或者相冲突的。在获得大量信息的基础上，要不断地进行反问和深究，尽可能地避免先入之见的束缚，对相关信息进行重组。对设计目标和问题范围的调整会造成不同的影响，工程师会探究相关重要因素，如发起人、使用者、生产者和市场等对这些不同影响的反应。

可见，在分析阶段，工程师需要不断地深入了解和掌握问题自身以及与问题有关的所有信息，明确其真实性，尽可能地做出合理成熟的决定。因此，工程师会采用理性的方法，但也会用到直觉方法，无论哪种方法，都需要实实在在的探索，而非不切实际的猜测。因此，工程师的心态应该是开放性的，要抛弃过去的经验和故步自封的态度。总之，分析阶段的目的就是解构，以最快的速度，花最少的投入，用最有效的方法探求到解决问题的途径。

3.2.3.2　综合取舍

综合取舍阶段的主要工作就是制订方案。工作中的工程师们具有很高的创造性，但是如果固执于一己之见，或者思想保守，也会犯很大的错误。在制订方案的过程中，价值判断与技术细节结合在一起，也就是说，设计方案中纳入了设计情境中的政治、经济、社会文化和道德因素。综合取舍阶段有以下几个要求：

（1）在分析阶段所获成果的基础上，形成一个尽可能适当的方案，方案要能妥善处理所有的分歧，包括设计情境中所有的相关因素。可见，方案的形成是很有创造性的。

（2）明确设计规范之后，确定设计目标、设计要点和问题域。

（3）根据问题的分解，连续或分别单独的解决不同的子问题。

（4）方案的形成过程中，如果需要调整，首先是调整子目标来找到可行的方案，以避免对整体方案的重大调整。

（5）尽可能预测到每个子目标的可行性及其影响。这种预测主要依靠核心工程师的经验判断，在某些情况下，还需要经过科学的测试。

3.2.3.3　实践评估

经过对技术问题的分析和对设计方案的综合取舍，最终的设计方案似乎可以确定了，但对于现代系统设计来说，综合形成的多种备选方案还必须经过实践评估才能最终确定。实践评估的主要目的就是尽可能快的减少方案的不确定性，排除那些不值得深究的方案，其中有两个问题尤其需要注意：（1）产品的使用弹性。每个使用者都不一样，所谓的典型人并不存在，设计方案需要增强产品在使用上的弹性，使用者可以根据自己的需要进行调节。（2）使用者的"选择性注意"。当人们发现问题时，注意力会集中在这个问题上，而把其他事情排除在注意力之外，设计方案中要考虑到这种现象，设法把人们不常注意到的因素在设计中突出表现出来，或者采用强迫性功能。在实践评估中很有可能会出现意外问题，这种问题有时候会很关键，要解决它就必须改变上一个决定，这种回溯甚至会追到起点。遇到这种情况，工程师就会回到之前的阶段，通过调整方案，提前考虑到或者避免出现此类问题。所以，评估中用来表现不同方案的模型，无论是图纸还是样品，都必须尽可能具体。实践评估就是在多种备选方案中选定一个既能又快又好的解决技术问题，满足用户需要，又不会出现意外问题的方案。

3.3 技术使用：技术认识的背景化

技术设计方案是解决技术问题方式的形象化，经过物化，形象化的解题方式成为实体的技术人工物，从而进入使用环节，切实解决技术问题。其实，自人类诞生以来，就在实践中不断地使用和发展技术。技术的使用与人类有着同样久远的历史①。

3.3.1 使用：技术的现实存在方式

技术哲学工作者都希望对"技术"这一核心概念做一个简明的界定，但"技术"所包含的内容异常丰富，对它的界定都只能侧重于某一方面。侧重不同，界定迥异。对技术做动态的分析才能完整展现出技术的本质，使用作为一种动态过程，正是技术的现实存在方式。

3.3.1.1 实体形态的技术

实体形态的技术即技术人工物，包括装置、工具、机器和各种消费品。技术人工物是打上了人类痕迹，被赋予了人类意向和目的的实存物。人工物与自然物不同，自然物是人类还没有认识和改造

---

① 王伯鲁：《技术起源问题探幽》，《北京理工大学学报》（社会科学版）2000 年第 2（3）期，第 44—47 页。

的自在之物，是天然自然的一部分，而人工物则是人类认识或改造过的存在物，是人工自然的一部分。技术人工物被生产出来，就是要用来进行加工、生产、提供服务等，它的目的就是被使用。"技术是活的东西，发动机可以安装在汽车或飞机上，就像把数控机床'安装'在车间里，如果没有人去驾驶或开动，发动机或机床就是死的东西乃至就是一堆'铁块'。"① 吕乃基教授也强调，"设计生产出来的商品在被使用前对于消费者来说也只是'外在的、直接的、消极的存在'，是'自在之物'。只有在消费中，也就是在商品与主体以及与其对象间充分的相互作用过程中展示它的一切，商品才能成为'内在的''为我之物'"②。这里的"消费实践活动"很显然就是消费者对消费品的使用实践活动，正如李伯聪教授在《技术三态论》一文中所强调的，只有在技术进入生活，成为消费者所使用的技术时，技术才成为了现实性的技术③。

3.3.1.2　观念形态的技术

观念形态的技术即作为知识的技术，包括技巧、技艺、技术格言、描述性规律或技术规则、技术理论。作为知识的技术研究的是人工物，是关于人工物的制造与使用的知识，不关涉到人工物的制造和使用的知识不属于技术知识的范畴。所以作为知识的技术是必须是关于人工物的结构、功能、自然属性或功能意向的知识。邦格就认为，技术是"人工物的科学研究……或者根据科学的知识对人工物的设计、创造、操作、调整、维护和监控的知识领域。"④米切姆把作为知识的技术区分为四个层面：（1）对如何制造和使用人工物的不自觉的感觉运动的认识；（2）技术准则或前科学工作的

---

①　陈红兵等：《关于"技术是什么"的对话》，《自然辩证法研究》2001 年第 17（4）期，第 16—19 页。

②　吕乃基：《论消费及其演化对技术发展的影响》，《自然辩证法研究》2003 年第 19（4）期，第 30—33 页。

③　李伯聪：《技术三态论》，《自然辩证法通讯》1995 年第 17（4）期，第 28 页。

④　Carl Mitcham. *Thinking Through Technology*：*The Path between Engineering and Philosophy*. Chicago：The University of Chicago Press，1994. 197.

经验法则；（3）描述性定律、列实用图表式的陈述；（4）技术理论。① 在邦格和米切姆那里，作为知识的技术是以观念形态或精神状态存在的，人工物的制造和使用过程就是观念形态的技术得以现实化的过程，正是在这个过程中，我们才能把握和理解作为知识的技术。离开了现实的技术活动，作为知识的技术只能以抽象状态存在，并不能发挥实际的作用。

3.3.1.3 心理形态的技术

心理形态的技术即作为意志的技术，包括生存意志、控制或权力意志、自由意志、效率追求意志、工人的自我概念意志。技术是与人的动机、意向、选择和意志相联系的，没有人的动机、意向、选择和意志，技术根本就不会产生，技术发明创造也就无从谈起。技术作为意志表现为人类为了更好的生存和发展而希望获得和使用更有效的技术的意志。技术正是在人类的这种意志的引领下不断得到发展的，离开了这种意志，技术不会诞生，即使诞生了也不会有人使用。斯宾格勒（Oswald Spengler）认为："技术不能根据工具来理解。关键的问题不是把事物做成什么样的形状，而是人们用它们做什么。技术不是武器，而是战斗……永不停止的权力意志的战斗。"② 尽管人的动机、意向、选择和意志最终需要物化到人工物中，但技术不仅仅是工具，不能仅仅把它看作是具有一定结构和功能的人工物，更主要的是"人们用它做什么"，是它包含的人的使用意向。

3.3.1.4 动态过程的技术

动态过程的技术即作为行动或过程的技术，包括工艺、发明、设计、生产、运行、操作、维修等制造和使用活动或过程。"技术作为活动是这样一个关键的事件发生过程：在活动之中知识和意志

---

① 卡尔·米切姆：《技术的类型》，转引自邹珊刚《技术与技术哲学》，知识出版社 1987 年版，第 280 页。

② Carl Mitcham. *Thinking Through Technology：The Path between Engineering and Philosophy*. Chicago：The University of Chicago Press，1994.248.

一起创造人工物或对人工物加以利用。"① 为什么作为活动的技术
是一种关键性的东西？其关键性在于，正是这种活动，才使得作为
知识、意志的技术与物质条件结合，制造和使用人工物，满足人的
需要，完成技术的目的。虽然制造和使用是技术活动的两个阶段，
但相对于制造来说，"使用"的外延更广泛。制造是主体在观念形
态技术的指导下，运用一定的实体人工物，形成新人工物的过程，
因此制造可以理解为使用的一个阶段、一种形态，是使用的具
体化。

　　技术的多种形态最终都归结到使用，现实的技术就是处于使用
中的技术。正如芬伯格所言："事实上，根本没有所谓的技术'本
身'，因为技术只存在于某种应用的情景中。这就是为什么技术的
每一个重要方面都被认为是某种类型的'使用'"② 无论技术是作
为人工物、知识、意志、行动，"都是人类在利用自然、改造自然
的劳动过程中所掌握的活动方式"③ 离开了使用，各种活动方式
都将失去其归宿，失去其目的，而变得没有生命力。同时与科学相
比，技术最重要的标准在于是否有效，有效是相对于使用来说的，
没有使用，有效性标准也就不能成立。

3.3.2　技术使用：人类的存在方式

　　"生物学上的缺陷可以说是人的特点，在自然界面前人为了保
存自己总要采取一定的技术。即使是为了满足衣食住行等最基本的
需要，人也要创造和利用适当的工具。……另一方面，从一开始技
术就是宗教和艺术的表达手段。"④ 因此技术使用是人类的存在方

---

① Carl Mitcham. *Thinking Through Technology*：*The Path between Engineering and Phi-
losophy*．Chicago：The University of Chicago Press，1994. 209.
② 安德鲁·芬伯格：《技术批判理论》，北京大学出版社 2005 年版，第 53 页。
③ 陈凡、张明国：《解析技术》，福建人民出版社 2002 年版，第 4 页。
④ 拉普：《技术哲学导论》，辽宁科学技术出版社 1986 年版，第 22 页。

式，"技术不仅仅是一种工具，而是人造物与使用者的一个共生体"①。技术的发展已经为人类构建了一个技术环境，在这个环境中，技术的作用就是强化、延伸甚至替代人类的能力。在技术使用过程中，强化是指以人的能力为主，技术只起辅助作用，人是信息的源泉；延伸是指人的能力与技术各有分工，共同起作用才能完成技术使用，人和技术协作获得和传递信息；替代则是指技术基本代替人的能力，技术起主导作用，人处于从属的地位，技术成为信息的源泉。在与世界的交往过程中，人通过技术使用获得对世界的感知，依靠技术体现出世界的规律性而获得对世界的认知。

106

技术的这三种作用同时并存，但在不同的历史阶段，每种作用所占的分量、所起的作用是不同的。

在农业社会，技术表现为"单相位"，"主要由经验知识、手工工具和手工性经验技能等技术要素形态组成的，而且以手工性经验技能为主导要素的技术结构"②。"单相位"的技术使用主体表现为个体的农民和工匠，他们运用简单的手工工具与世界交往，积累着对世界的感性经验，形成经验知识和经验技能。经验是个体长期生产、生活的沉淀，技能则是在实践过程中所具备的活动技巧和能力，它们已经内化为使用者自觉的行为习惯和活动能力，并以隐性知识的形式积淀于个体身上而难以分享。因此，农业社会的技术主要是对个体能力的强化。由于这种个体性，技术使用对自然、对社会乃至对人类自身的影响都是比较微弱的，技术发展缓慢。"早期技术发展本身必然是缓慢的，这并不是由于个人无法改进它，而是由于他们无法将这种改进传给后人。由于保密的必要性，由于个人技能无法传授，由于在行会支持下不那么成功的对手们的嫉妒愈形

---

① 陈凡、曹继东：《现象学视野中的技术——伊代技术现象学评析》，《自然辩证法研究》2004年第5期，第57页。

② 陈凡、张明国：《解析技术》，福建人民出版社2002年版，第22页。

加剧，技术发展缓慢得无以复加……"①

在工业社会，技术表现为"双相位"，"由机器，机械性经验技能和半经验、半理论的技术知识等要素形态组成的，而且以机器等技术手段为主导要素的技术结构"②。"双相位"的技术使用主体转化为工厂里的工人和工程师。他们运用机械性的机器与世界交往，通过机械获得对世界的认识，形成半经验、半理论的技术知识。一方面，在操作机器的过程中形成个体经验知识；另一方面，由于机器的复杂性需要文字性的使用说明，对操作做出规范化、普遍性的要求。因此，工业社会的技术主要是对人的能力的延伸，需要人和技术共同协作才能完成技术使用。由于技术的延伸作用，技术使用的对自然、对社会乃至对人类自身的影响是广泛的，技术发展迅速。"资产阶级在它的不到一百年的阶级统治中所创造的生产力，比过去一切世代创造的全部生产力还要多，还要大。"③

在信息社会，技术表现为"三相位"，"由理论知识、自控装置和知识性经验技能等要素形态组成的，而且以技术知识为主导要素的技术结构。"④"三相位"的技术使用主体是多样化的，以知识分子等专业人员为主。他们运用自控装置与世界交往，自控装置向人们展示着世界的规律性、复杂性和多样性。人们获得的是理论知识和知识性经验技能，以知识获取知识，技术主要表现为科学理论形态的显性知识。因此，信息社会的技术主要是对人的能力的替代，成为知识的源泉。由于技术的替代作用，技术使用的对自然、对社会乃至对人类自身的影响是深远而广大的，甚至将会改变人的生活方式和思维方式。

对技术使用的分析可以得到：技术使用是人类对已形成的技术或技术产品进行一定的操作、利用和形塑，以发挥其功能的实践活

① J. D. 贝尔纳：《科学的社会功能》，商务印书馆 1985 年版，第 58 页。
② 陈凡、张明国：《解析技术》，福建人民出版社 2002 年版，第 22 页。
③ 《马克思恩格斯选集》（第 1 卷），人民出版社 1995 年版，第 277 页。
④ 陈凡、张明国：《解析技术》，福建人民出版社 2002 年版，第 22 页。

动，是特定技术与特定使用主体相互建构的动态过程，是人类的存在方式。在技术使用过程中，使用主体既对技术进行建构，也必须适应技术的要求。技术一旦进入使用过程，就具有自身的独立性，独立于人类和世界而存在并发生作用。因此，技术对使用主体的要求体现在两个方面：只有在一定形态的技术形成之后，使用才成为可能；只有培养出掌握相应技术操作规范，具备相应的使用技能的主体，使用才能实现，技术才能成为"上手之物"。使用主体对技术的建构渗透于技术的各个阶段，既是使用阶段的现实建构者，也是发明、设计和制造阶段的潜在建构者——技术的发明、设计和制造都是以预设的使用主体的目的为切入点。技术的发展和转化过程就是使用主体目的转化为技术目的并物化和实现的过程，实现技术的自在状态转化为自为状态。人与技术间的相互建构一旦完成，技术成功嵌入原有的技术系统，真正服务于人类的时候，技术的结构和功能本身就会从使用主体的感知中隐退，但并不是退出，是隐而不显。只有当结构或者功能出现问题，预定功能不能顺利实现时，技术才会重新凸显而被关注；问题解除后，它又重新隐退。正是在这一动态使用过程中，使用主体与技术才会达到协调统一，技术的使用过程也就是技术的选择和形塑过程。在这个过程中，相关主体的价值诉求开始碰撞和协调，技术蕴含的知识和观念开始转移，相应的责任意识和伦理规范也得到了培养和强化。

3.3.3 技术使用的类型

既然技术使用是人的在世方式，人的在世方式是多样的，因此按照不同的标准，技术使用可以区分为不同的方式。

3.3.3.1 常规使用与非常规使用

技术都有其预定功能，技术形成之后投入使用，就是为了实现其预定功能，但在使用过程中，会出现两种情况，一种是完全按照技术的使用规范，正常实现技术的预定功能的技术使用方式；另一种是不完全按照技术的使用规范，改变或者超出了技术的预定功能的技术使用方式，前者为常规使用，后者为非常规使用。比如洗衣机，用它来洗衣服就是常规使用，用它来洗土豆则是非常规使用。常规使用关注的是技术的使用规范，因为其规范是按照预定功能的实现设置的，只要操作规范准确，预定功能就一定会实现。非常规使用关注的是使用的效果，因为此种使用并没有完全按照技术的使用规范，所要实现的是使用主体的超出技术预定功能的目的，所以其结果可能有效，实现使用主体的目的，也可能无效，没有达到使用主体的目的。对技术使用方式而言，常规使用是大多数，非常规使用则是少数。大多数的常规使用能保证技术的稳定，基本功能的有效实现和发展的方向性，如从最初的洗衣机到现在最先进的洗衣机，虽然有很多的技术革新，但其基本功能还是洗衣服，技术常规功能的不断革新是技术发展的主要方向。少数的非常规使用能突破技术规范的限制，发现技术的新功能，为技术的发展提供新机遇，如把洗衣机用来洗土豆，则是洗衣机功能的拓展，生产商就有可能据此设计出新的专门用来洗土豆的机器或者对洗衣机进行技术改造，使之具有洗衣和洗土豆的双重功能，技术的非常规使用常规化也是技术发展的一个重要方向。

3.3.3.2　直接使用与间接使用及主动使用与被动使用

间接使用指使用主体并不直接参与技术使用的具体过程，而是要求他人完成这一具体过程，完成具体过程的使用即为直接使用。如希特勒屠杀犹太人，希特勒并没有直接操作各种具体技术设备屠杀犹太人，而是通过制定政策，下达命令等方式要求他人执行屠杀，对屠杀的具体技术来说，希特勒是间接使用，屠杀的执行者是直接使用。另外生活中的技术性服务也涉及直接使用和间接使用，如理发技术，顾客是间接使用，理发师则是直接使用。对于间接使用者来说，其关注重点并不在于技术的直接使用以及技术人工物的结构和功能，对技术的直接使用并没有直接的感知，而在于其目的能否顺利实现，直接使用者和技术都是实现其目的的中介。对于直接使用者来说，对技术的使用来自间接使用者的要求，因而只关注技术的某一项预定功能以及实现此功能的结构，从而获得直接具体的使用经验。为了达到确定的目的，根据不同的场景，直接使用者会在技术多种可能性中做出选择，并形塑为合适的形式。所以在使用过程中，直接使用并不是完全被动的，相对于间接使用而言，直接使用处于被动状态，相对于使用对象来说，直接使用处于主动积极的地位。间接使用只能属于较少的主体，如果大多数主体都间接使用技术，将不能获得足够的直接使用经验，技术发展就缺乏足够的动力；如果没有间接使用，技术功能将不稳定，处于不断地变化中，技术使用和发展就没有方向。因此，间接使用主体只能是少数，直接使用的主体则是大多数，这样既能保证技术功能的稳定性和发展的方向性，又能为技术的发展收集到足够的直接经验，积聚足够的动力。

被动使用指使用主体在使用技术的过程中，被动的倾向于使用技术的某项功能，技术的提供者（技术的发明者、设计者和制造者）则是主动使用。主动使用者诱使或者强迫被动使用者使用技术，如屠杀犹太人，毒气室的发明者、设计者和制造者是主动使用，被杀的犹太人则是被动使用，被主动使用者强迫使用。再如当下的网络游戏，游戏开发商和服务商是主动使用，诱使游戏玩家沉溺于其中，沉溺者就是被动使用。对于被动使用者，对技术使用的感知集中于当下，或者强烈排斥或者强烈需要，由于很难摆脱而必须适应技术的需要，关注点集中于技术的某项功能，使用形式单一。对于主动使用者，对技术使用的感知来源于具体操作，关注点集中于技术使用的效果，并把这种感知作为发展技术的基础。主动使用同样涉及对技术的选择和形塑过程，使用者根据使用目的、知识背景、生活经历、权力结构和兴趣偏好等因素选择并形塑多样的技术可能性，使得实际的使用形式呈现多样化。对于技术使用而言，如果没有主动使用，技术将处于绝对的稳定而没有发展，如果都是主动使用，技术将处于不断的革新之中，技术发展将没有稳定的方向，其功能和效果将难以被认可和接受。所以主动使用只能是少数，保证技术的平稳革新，被动使用则是大多数，保证技术的新功能和新技术得以广泛认可和接受。而不至于出现马克思所说的"随着人类愈益控制自然，个人却愈益成为别人的奴隶或自身卑鄙行为的奴隶。甚至科学的纯洁光辉仿佛也只能在愚昧无知的黑暗背景上闪耀。我们的一切发现和进步，似乎结果是使物质力量具有理智生命，而使人的生命物化为愚钝的物质力量"①。对技术使用方式而言，主动使用倾向于"使物质力量具有理智生命"，关注技术真实的使用状态；被动使用倾向于"使人的生命物化为愚钝的物质力量"而不能自拔。

3.3.3.3　消耗性使用与非消耗性使用

技术在实现其功能（预定功能或者非预定功能）之后，其存在形态或者会出现变化，或者不会出现变化，变化或者是巨大的、易察觉的，或者是细微的、不易察觉的。存在形态发生巨大的易察觉变化的技术使用方式，即为消耗性使用；存在形态只出现细微的、不易察觉的变化和根本不出现变化的技术使用方式，即为非消耗性使用。技术的消耗性使用涉及物质和能量的转换，在使用前后，技术的存在形态会发生巨大的变化，原来的存在形态或者消失了或者失去了部分甚至全部的使用价值。如生产资料，其存在形态就会不断地发生转变，在转变的过程中，总会有一定的物质和能量耗损，最终会失去全部的使用价值。因此消耗性使用大多与物质生产活动联系在一起，是维持、服务或生产技术人工物的中间阶段，需要严格遵守相应的操作规范和程序。非消耗性使用基本不涉及物质和能量的转换，在使用前后，技术的存在形态不会发生巨大的变化，也不会失去其使用价值。如作为观念形态的技术，虽然在使用过程中会有更新，但不会因为使用而转换为其他的形态或被消耗掉；作为实体形态的茶杯，常规使用前后的形态不会发生巨大的变

---

① 马克思：《在〈人民报〉创刊纪念会上的演说》，转引自《马克思恩格斯选集》第 1 卷，人民出版社 1995 年版，第 775 页。

111

化，同样不会失去其使用价值。非消耗性使用多与非物质生产活动相关，没有严格的使用规范。对于技术使用方式而言，消耗性使用是人类社会得以存在的基础，但是这种使用具有破坏性，会带来消极的后果，而非消耗性使用却不存在这个问题，因此，当前的技术进步是用非消耗性使用改造消耗性使用，逐步实现工业经济向知识经济的转变。

处于使用中的技术才是现实的技术，人也是通过技术使用而存在。通过对技术使用方式真实状态的经验性描述，考察技术究竟是怎么被使用的，可进一步分析技术的性质和内涵，加深对技术本质的认识；考察技术使用方式与技术使用主体之间的关系，可分析不同主体在技术使用和发展中的作用；区分不同的使用方式，可明确不同使用方式的功能和作用。

第4章 技术知识的本质与结构

4.1 "技术知识"是什么

学界对于技术知识与科学知识的区别已做了较为深入的探讨，相对于科学知识，技术知识具有独立的地位，而非科学知识的应用，在这一点上，学界基本上达成了共识。分析技术知识的实质需要把它与科学知识做一番比较。

4.1.1 技术知识与科学知识

如前所述，与科学知识以探寻真理为目标不同，技术知识以实践的有效性为目的。无论它是由工程师创造还是由使用者创造的关于人工物或技术过程的知识，被称为"技术知识"，是因为它的性质与人的目的和行为相关。活动目的的不同是当下分析技术知识与科学知识之间不同的主要角度。

邦格把技术界定为应用科学，虽然他也认为技术与应用科学之间是有区别的，技术是关于实践技巧的学问，应用科学则是科学思想的应用，但他认为这种区别并不重要，因此，技术在邦格那里可以理解为把科学思想应用于实践技巧。可见，邦格对技术做了最宽泛的理解，"目前，应用科学的主要分支有物理技术（如机械工程学）、生物技术（如药理学）、社会技术（如运筹学）和思维技术（如计算机科学）"[①]。但邦格也认为技术与纯粹科学之间是有区别

---

① 马里奥·邦格：《作为应用科学的技术》，转引自邹珊刚主编《技术与技术哲学》，知识出版社1987年版，第48页。

的。"科学是为了认识而去变革，而技术却是为了变革而去认识"，因此，技术与科学一样都具有理论背景，只是其目的不同。技术理论的来源有两种，一种是科学理论的应用，邦格称之为实体性理论；一种是来源于操作，即与实际条件下的人和人机系统的操作问题有关的，探讨某些操作的问题的操作性理论。实体性理论在科学理论之后产生，而操作性理论则产生于应用研究之中，并与实体性理论没有什么联系。在实践上，技术理论比科学理论内容要丰富，而在理论上则要贫乏一些。因为工程师只"对人类能控制的事件及其良好后果感到兴趣"，而倾向于把技术问题简化为黑箱问题，主要研究外部变量（输入和输出），而把其余的一切看成是没有实质意义的干扰变量。为了促成科学与技术的统一，需要"使技术完全转变为应用科学"，把工匠经验转变为技术规则。技术规则就成了技术哲学研究的核心，因为客观世界的模型和规律是科学的研究核心，而技术在于建立成功稳定的人类行为规范。进而，邦格认为技术规则与科学定律不同，规则的判断标准是是否有效，而不是真假；一条定律可以推出多条规则；定律真，相应的规则并不一定有效；由定律可以推出相应的规则，但是由规则并不一定能找到相应的定律。① 为了进一步明确技术与科学的区别，邦格还对技术预测与科学预见做了比较。技术知识主要是达到一定实践目的手段，技术的目标是成功的行动。科学预见是指具备了一定的条件，就会或者可能会出现某种现象，而技术预测则是提出如何改变条件，使某种现象出现或者不出现。因此技术预测对人的行为有着重大的影响。邦格还认为技术研究始于技术问题，解决技术问题的是技术人员的主要活动。技术问题的来源主要有四个方面：直接由环境提供、尚未被技术解决的问题；现行技术的功能失效所引发的问题；过去技术成就的外推而产生的问题；一定时期内相关技术之间的不

---

① 马里奥·邦格：《作为应用科学的技术》，转引自邹珊刚主编《技术与技术哲学》，知识出版社 1987 年版，第 61 页。

平衡所产生的问题①。

　　然而，把技术理解为应用科学限制了对技术知识的深入研究，技术知识与科学知识有着本质的不同。文森蒂就不同意技术与应用科学等同的观点。他认为技术常规设计由两个部分组成：（1）运行原理，一切人工制品都有它的运行原理，说明这个装置是怎样工作的。（2）常规型构，它是最好的实现运行原理的装置的一般形状与布局。（1）与（2）构成区别于科学知识的技术知识的实体，它可以由科学发现来触发，但它并不包含于科学知识之中，因为它所处理的问题是为了达到某种实践目的，即我们应该怎样做的问题。工程设计不是科学的应用，工程知识也不是应用科学。"工程知识"中"知识"不仅包括科学知识（know-why），还包括"如何做"（know-how）和"是什么"（know-what）的知识。"是什么"也是有关事实的知识，"如何做"表明如何设计和如何产生新知识，因此，工程知识的多元化结构，是科学知识与工程师的技艺经验的结合。"航天器不是由科学设计的，而是通过技艺设计的，尽管伪装和欺骗使人们看不到这一点。我的意思不是说工程可以离开科学进行。相反，工程是建立在科学基础之上的，在科学研究和工程产品之间存在一个巨大裂缝，这个裂缝要由工程师的技艺（art）来弥补。"② 从这点上来看，工程知识比应用科学更丰富更有意义。

　　技术知识与科学知识之间不仅有这种本质的区别，即技术知识具有其实践目的，而科学知识则是追求真理，二者在很多方面也有着其不同的表现形式。陈昌曙先生在《技术哲学引论》中就专门探讨了技术与科学的不同，"科学与技术毕竟是两种不尽相同的社会文化，它们各有自己的性质、任务、内容、方法、研究过程、劳动特点、评价标准和意义"，并详细比较分析了它们之间在"基本

①　陈其荣：《当代科学技术哲学导论》，复旦大学出版社 2006 年版，第 386—387 页。

②　Walter V. *What Engineers Know and How They Know It*. Balltimore and London：The Johns Hopkins Press，1990.4.

的性质和功能、解决问题的结构和组成，研究的过程和方法、相邻领域和相关知识、实现的目标和结果、衡量的标准，研究过程和劳动特点，人才的素质和成长、发展的进展和水平、社会价值、意义和影响"十个方面的不同，"从这些比较可以看出，技术与科学并非只是程度上的、细微的差异，而是有着原则上的、本质性的不同"①。李醒民教授在详细比较了技术与科学之间在"追求目的、研究对象、活动取向、探索过程、关注问题、采用方法、思维方式、构成要素、表达语言、最终结果、评价标准、价值蕴涵、遵循规范、职业建制、社会影响、历史沿革、发展进步"十七个方面的不同之后，认为比较周全的观点是，"科学和技术是有联系的，但并非一体化；科学和技术是有区别的，但并非截然对立；科学和技术有时是互动的，但互动的形式多种多样，互动的过程错综复杂，而不是线性的和一义的"②。技术与科学之间是如此的不同，更加表明技术知识的独立性。

人与世界之间的关系是多重的，不仅有科学研究探讨的认知关系，更有技术所承载的改造关系。因而，科学理性属于理论理性，希望获得关于世界的理论化系统化的真实认知；而技术理性则属于实践理性，是希望改变当下的世界，使之成为应该的状态。从这一点上看，科学知识只与客观的世界发生关系，是对客观世界的描述和解释；技术知识则不仅与当下的世界发生关系，明确已有的技术条件和基础，更与将来的世界发生关系，将来世界应该的存在状态。因此，技术知识所涉及的因素比科学知识要复杂很多，现代技术知识不仅包括科学知识，还包括"（1）由主体的需要而引发的关于技术目的的知识，它是通过主体的产品设计活动而产生的知识，包括技术活动的目标、理想客体等内容；（2）人们所要变革的对象

---

① 陈昌曙：《技术哲学引论》，科学出版社 1999 年版，第 160—168 页。

② 李醒民：《科学和技术异同论》，《自然辩证法通讯》2007 年第 29（1）期，第 1—9 页。

及其结构、性质的知识，变革对象所使用的工具手段的知识，选择
具备什么素质的技术操作主体的知识；（3）实现技术目的所要运用
的原理、经验规则、工艺方法、操作规程以及工程技术理论的知识
等"①。

4.1.2　反思技术知识的多重视角

正是由于技术知识的复杂性，对技术知识的考察也是复杂、多
角度的。在《通过技术思考》一书中，米切姆将"技术作为知识"
当作思考技术的四种方式之一（其他三种方式是：技术作为人工
物，技术作为活动，技术作为意志）。他还总结了为数不多的研究
技术知识的成果，虽然大多数技术哲学家都接受了技术知识并不同
于科学知识的观念，但二者究竟如何不同，并没有得到细致的研
究。除了从技术知识与科学知识的异同来分析技术知识以外，还可
以有多重的角度来分析技术知识自身。

第一，考察具体技术活动中技术知识的实际存在形态，也是对
技术哲学的经验转向的响应。在具体的技术活动中，工程师所采用
的知识是与科学知识不同的，文森蒂把工程技术知识区分为并不完
全的六种类型：基本的设计原理、设计标准和技术参数、理论工
具、量化数据、实践考虑和设计工具。基本的设计原理主要是指操
作原则和标准配置，文森蒂认为"每一个设备都拥有一个操作性
的原则，而且该设备也已经变成了一个规范的、经常设计的物体，
一个规范的结构"②。设计标准和技术参数有时候并不是由工程师
决定的，而是由发起人或者使用者来决定。理论工具的内容很多，
数学运算、逻辑推理、自然定律等都包括在内，其中一些来源于科
学，但大多数都不是。量化数据包含各种类型的描述性知识，描述

---

① 陈凡、王桂山：《从认识论看科学理性与技术理性的划界》，《哲学研究》2006
年第 3 期，第 94—100 页。

② Walter V. *What Engineers Know and How They Know It.* Balltimore and London：The
Johns Hopkins Press，1990. 210.

的对象既有非技术事物也有技术事物，因此也包括相关的科学信息，但更多的还是工程领域所特有的数据。实践考虑源于经验，如驾驶飞机需要知道的空气动力的稳定性的范围。设计工具是设计过程中思考的程序和方法以及调整的技巧等，这些正是设计过程所依赖的东西，有了它们，设计才能优化。据此，我们可以发现，科学知识在具体的工程技术活动中所起的作用是非常有限的，技术活动过程自身也是一个知识的生成过程。

第二，从技术设计的角度，研究技术知识在设计过程中的角色。2006 年，尼格尔·克洛斯（Nigle Cross）出版《设计师式的认知方式》（*Designerly Ways of Knowing*）一书，很快，这本书就成为研究设计的重要参考文献之一。正如书名所呈现的，在科学和人文的认知方式之外，还存在着一种"设计师式的认知方式"，它不属于纯粹的科学或者人文范畴，而是与之并列的第三种智力文化①。虽然设计活动也是为了解决问题，但设计所解决的问题与科学不同，科学问题是已被明确界定的问题，而设计问题虽有一个抽象的方向，但并未明确界定，在方案的确定过程中，问题会逐渐明确，甚至如克洛斯教授所说的会被反复定义②。同时，由于设计的过程是为了确定方案，与其说是问题帮助了方案的确定，还不如说是设计师的丰富经验对设计更有帮助。所以，克洛斯教授认为，设计认知既不同于人文的感应，也不同于科学的演绎论证，而是一种诱导式的、生产性的和同位的思维方式③。设计过程就是通过编码将抽象的需求转化为具体的设计，也就是通过"创造性的飞跃"在设计问题与设计方案之间建立起一座沟通的桥梁。草图的绘制虽然是设计的辅助手段，但它可以作为方案的素描，概要地包含着设计的整体概念和细节的关键点，所以它可以用于设计师之间的交流，以

① Nigel Cross. *Designerly Ways of Knowing*. UK：Springer-Verlag London Limited，2006.1.

② Ibid.，p.7.

③ Ibid.，p.19.

118

帮助设计师思考，辨识和回忆与设计方案相关的信息。

第三，从载体的角度分析技术知识。技术知识除了以观念的形态存在于人的大脑中以外，还以实体的形态存在于技术人工物之中。如前所述，贝尔德的工具认识论认为，工具的制造过程就是把知识封装于其中的过程。因此，理论和工具都表述了世界的知识，真理服务于理论的建构，功能服务于工具的建构。因此需要扩大知识的领域，而不能仅是抽象的柏拉图式的——被证明为真的信念——知识观，而要"把知识的观念从命题的维度适当延伸到人工物的维度，要求把真理的观念从命题延伸到人工物"。真理对于理论与功能对于工具是一样的，因此，他把功能也称为"物质真理"（Material Truths），"当一件人工物成功地实现了某项功能时，他才承载着知识"[1]。所以贝尔德认为工具是科学理论知识的基础，它们在形式上虽不同，但在认识论意义上没有差异。"凡是理论表达知识的地方，仪器也以物质形式表达知识。"[2]科学理论表达了判断性的知识，工具则表达了物质形态的知识，科学家是在特定的历史条件下运用一定的工具去观察和思考，他们在获得思想的同时也进一步认识知识的载体——人造物。因此，工具的制造，也像知识生产一样，也必须存在于"礼物经济"（Gift Economy）中，虽然工具的制造需要"一点点利润"，但其生产机制与知识生产是相同的。

第四，从表达方式的角度分析技术知识。从表述方式上看，技术知识中既有能够用某种方式明确表述的知识，也有不能明确表述的知识。正如波兰尼所说，"人类有两种知识。通常所说的知识是用书面文字或地图、数学公式来表达的，这只是知识的一种形式。还有一种知识是不能系统表述的，例如我们有关自己行为的某种知

119

① Davis Baird. *Thing Knowledge – Function and Truth*. Techné, 2002, 6 (2).

② Davis Baird. *Scientific Instrument Making, Epistemology, and The Conflict Between Gift and Commodity Economies*. Techné, 1997, 2 (3—4).

识。如果我们将前一种知识称为明言知识的话，那么我们就可以将后一种知识称为难言知识"①。也就是说技术活动并不能够获得完全的解释，运行的规则也不能获得完整的描述。在技术活动中，明言知识是对已知事实的描述和如何实现目标的规范，难言知识则是主体实现目标过程中的操作程序。所以明言的技术知识是指技术活动中那些已经规范化、标准化、编码化，并通过文字、图像、符号、声音等表达形式得到清楚表述的知识。这种知识易于进行整理，能够进行标准化存储，因而也易于获取、理解、交流和传播，个体可以通过教育、自学等社会化的方式将它们转化为个体智力资本。难言知识则是高度个体化、难以编码化和规范化的，并不能通过语言、文字、符号、公式等标准形式进行描述和解释的知识，主要是指那些深植于个体行为中的那些非正式、难以明确表达的技能、技巧、诀窍等，它们是个体在长期的行动中积累起来的经验。此外，它甚至还包括个体的直觉和洞察力，这些隐藏在个体价值观和心智模式中的能力会深刻地影响到个体的行为方式。

这四个角度均是当前对技术知识进行深刻分析的主要进路，并都取得重要的成果。进路当然不仅仅只有这四条，可以说，技术知识有多少面孔，进路就有多少条，然而技术知识究竟是什么呢？这也是一个必须要回答的问题。

4.1.3 技术知识的本质

无论从哪个角度理解技术知识，技术的知识性都是无可否认的。无论是以经验的形态存在还是以理论的形态存在，技术知识都是在技术活动过程中产生和形成的。既然技术活动作为实现人类的某种目的，以实践为导向的造物活动，那么技术知识就是如何造物的描述性、规范性和程序性的知识。尽管我们可以认为传统技术是以个体经验为基础的技术，现代技术知识中仍然包含着经验性、个

① M. Polanyi. *Study of Man*. Chicago: The University of Chicago Press, 1958.12.

体性、主观性的知识，这种以经验为基础的技能、技巧在现代技术知识中占据着十分重要的地位，但是现代技术毕竟是以科学理论为先导的技术，现代技术知识与科学知识有着密切的联系。

　　自西方文艺复兴以来，建立在学者传统与工匠传统重新结合基础上的现代技术均以科学的发展为先导。如在会聚技术（NBIC 汇聚技术，即纳米科技、生物技术、信息技术和认知科技）中起基础作用的认知科技就涉及生物学、心理学、细胞学、脑科学、遗传学、神经科学、语言学、逻辑学、信息科学、人工智能、数学、人类学等多个领域。现代技术成就的获取就是需要多学科的交叉、融合和汇聚。现代技术的根本变革，就是需要科学理论的突破为先导，以科学理论为根据。所以，没有科学根据的"永动机"就被现代科学技术共同体所抛弃。科学理论在技术实践过程中的应用，不仅实现了科学知识的理论价值，更体现了其社会应用价值。科学知识的本质在于求真，而在技术过程中的渗透则赋予了它们另外的价值，正是现代的技术实践赋予了科学知识本身更多的内涵。如生物技术使得分子生物学、遗传学、微生物学、细胞生物学、物理学和化学等基础科学理论与人类的日常生活发生了密切联系，体现了以求真为目的的科学知识所具有的社会价值。

　　尽管如此，科学知识所关心的是"事物究竟如何"，本质在于求真，而技术知识所关心的是"事物应当如何"以及"如何实现"，正如西蒙所说，科学知识属于陈述逻辑，技术知识则是祈使逻辑[①]，因此，二者虽然有着密切的联系，但毕竟是属于两种不同的知识形式，技术知识有其独特性。一般来说，技术知识是人类发明、设计、制造、使用和维护技术人工物过程中所用到的知识、方法和技能体系。从人与自然关系的角度看，技术知识是指导人类改造、变革天然自然，使之成为人工自然的知识体系。然而在漫长的

---

　　① 　赫伯特·西蒙：《关于人为事物的科学》，解放军出版社 1987 年版，第 130—131 页。

人类认识史上，技术知识被认为是低级的、不严谨和不可靠的知识，没能进入理论家的视野，即使到了现代，这种观点依然有很大的市场。然而，正如哥德曼（Nelson Goodman）所说，无论是从历史的角度还是从逻辑的角度看，科学并不先于工程技术，"工程有自己的知识基础，绝不应也不能把工程知识归结为科学知识"①。皮特更是认为，"工程知识比科学知识更可靠"。

技术知识的独特性源于其实践性，如建造一栋大楼，根据其自然条件，"应该……"，根据所在地的文化传统，"应该……"，开发商认为"应该……"，业主认为"应该……"，市政管理者认为"应该……"，这些具体实践中的祈使逻辑使得技术知识面临着多重的矛盾，需要在不同的"应该"中找到一个平衡点。正是这种实践性的要求使得技术知识具有如下看似矛盾的独特性。

首先，实践性与真理性。如前所述，技术知识是与人类技术实践活动相关的技艺、诀窍、格言、方案、程序、规则、理论，具有明显的实践倾向，其目的是改变现有的事物，使其成为符合人们意愿的状态，所以，它要回答的是"做什么"和"怎么做"的问题，需要对人们的行为做出某种规范。"技术规则就是为达到某种特定类型的目标的一个带某种普遍性的技术行为序，它是一个某种类型的手段—目标链。"② 技术知识呈现给人们的行动规则和方法是"p→q"，即如果要实现目的 q，就要采取行为 p。处于人类早期的传统技术知识主要是在生产活动中，经过不断的试错而积累起来的经验，由于对自然界的认识有限，抽象的理论自然知识与生产活动是分立的，所以，并没有出现理性形态的技术知识。现代技术知识则以规则、方案、理论等形式出现，呈现出高度的理论化和体系化，成为现代技术活动中的规范程序。技术知识的本质是为了改

---

① 转引自李伯聪《工程创新和工程人才》，《工程研究》（第 2 卷），北京理工大学出版社 2006 年版，第 31 页。

② 张华夏、张志林：《技术解释研究》，科学出版社 2005 年版，第 53 页。

变，其目的不是对已有的客观事物和规律的反映，而是在把握了客观事物的属性和规律的基础上，结合创造性的想象，对人类的技术活动过程及方法的一种程序性或规范化的说明，所以它是关于人们如何行动的知识。这种知识也与个体的技能相关。从根本性上讲，虽然技术知识与科学知识一样，也具有真理性，但这种真理性只是实践性的基础和前提，并不是技术知识所追求的最终目标，技术知识的最终目标是引导变革自然的实践行为。

其次，普遍性与情境性。相同的技术活动在某种程度上需要遵守相同的操作规则和程序，也就是说，技术知识具有某种程度的普遍性。然而具体的技术活动又处于特定的自然环境和社会环境中，这些特定地区的地理位置、地形地貌、气候生态、自然资源等特殊的自然因素，以及该地区的经济结构、产业结构、基础设施、政治生态、社会组织结构、文化习俗、宗教关系等社会因素，已经不仅仅是工程技术活动的外部环境约束条件，而是具体工程技术活动的内在要素。成功的技术活动必须纳入这些要素，因此，不同地区的同种类型的技术活动所创造出的人工物会出现很大的差别。具体的工程技术活动都是指向某一技术目标，为了保证目标的实现，可行的设计方案是必要的，"全部设计过程都以幻想的方式存在于设计者对未来行为举止的预期之中，然而，它不是不断前进的行动过程，而是被当作已经完成的活动来幻象，这种活动是全部设计过程的出发点"[①]。尽管设计方案是工程师团队中的个体经过沟通、争执、协商和妥协的结果，是团队视界的融合，但在当下预期未来的行为，总有预计不到的事情会随着时间的展开而出现，当这种不期而遇的事件影响到工程技术活动目标的实现时，必须对工程技术活动进行调整、改变或者创新，以解决这些新问题，保证目标的实现。所以，普遍的技术知识必须融入具体的情境中，并随情境的变化做出相应的调整才是有效的技术知识。不仅如此，实体形态的技

---

① 许茨：《社会实在问题》，华夏出版社 2001 年版，第 47 页。

术人工物也处于情境中，承载着不同情境的技术知识。"任何客体都不会作为一个孤立的客体而被人们察觉，人们从一开始就会把它当作'一个处于其视界之中的客体'来察觉，这个视界是由类型的熟悉性和预先熟知构成的。"①

再次，潜在性与现实性。与科学探索自然界的必然性相比，技术探索的则是可行性的世界。技术活动不是在自然界中发现现成的东西，而是创造自然界原来没有的东西。技术知识蕴含这种创造的可能性，技术知识的应用就是实现这种可能性，获得其具体规定，由潜在性转变为现实性。

124

尽管在设计的过程中，技术被赋予了一定的预期目的，但其使用过程已经脱离了设计情境，是在设计之外展开的，所以，技术被如何使用是不确定的，既可以与预期使用目的相符合，也可以相背离，也就是说，在一定的范围内，技术的潜在性是多方位的。在投入使用之前，这种潜在性被内在地规定着，一旦投入使用就会转化为现实性。不同的潜在性会转化为不同的现实性，甚至是截然不同的现实性。究竟这种潜在性转化为何种现实性，人们并不能完全掌握。在技术选择时，往往会以其潜在的积极性为依据，甚至会放大这种积极性，而忽视其可能转化为消极现实性的倾向。所以，技术知识的实际应用所表现出来的现实性并不能完全与其预期相符合，有时候甚至会出现不可控的后果。并且在技术的设计、使用过程中，人们总是致力于实现技术的某一种特定潜在性上，而限制其他潜在性的实现，但是潜在性的实现并不以人的意志为转移，在其实现积极的潜在性的同时，消极的潜在性也会相伴而生。

技术知识这种潜在性与现实性的矛盾表明，任何具体技术都有其局限性，在不断发展和完善的同时，也需要把不同的技术协调起来，构成某种生态性的技术群落。

---

① 许茨：《社会实在问题》，华夏出版社 2001 年版，第 15 页。

最后，难言性与明言性。以程序、方案、理论等形态存在的技术知识很明显是波兰尼所说的明言知识，它们都可以得到清楚的解释和说明；而以技能、直觉等经验形态存在的技术知识则是难言知识。难言知识之所以难言，原因在于三个方面：① 第一，特定操作的步调太快，所要求的信息处理的高速度和同时性迫使新技能的学习者不得不自己寻找协调的细节。在这种情况下，具体的操作无法放慢，无法慢慢地完成。第二，由于特定技术行动嵌入在复杂的背景之中，难以道出掌握一项技能所必需的全部信息，如果众多环境变量之一变化太大，操作也就不起作用了。第三，对于一项复杂技能，即使可以明确表达出它的各个细节，它们之间的关系也仍然难以用语言表达，这是由于语言的时序特征使我们无法同时描述关系并勾画事物的特征。

难言知识本质上是一种理解力，是对经验的领会、把握和重组。相对于明言知识，难言知识具有优先性。明言知识是否真正获得，取决于我们对其的理解，而理解活动本质上是一个隐性知识的过程。因此，波兰尼说，对于我们所拥有的难言知识，"我们总是隐性地知道，我们认为我们的明言知识是真的"②。波兰尼进一步认为，对明言符号的理解，在很大程度上在于把握其意义。各种符号形式的意义是由认知者的难言知识所赋予的。"没有一样说出来的、写出来的或印刷出来的东西，能够自己意指某种东西，因为只有那个说话的人，或者那个倾听或阅读的人，才能够通过它意指某种东西。所有这些语义功能都是这个人的难言活动。"③ 对于明言符号的运用本身也是一个难言的过程，"在语言拓展人类的智力，使之大大地超越纯粹难言领域的同时，语言的逻辑本身——语言的

① 王大洲：《论技术知识的难言性》，《科学技术与辩证法》2001 年第 18（1）期，第 42—45 页。

② M. Polanyi. *Study of Man* . Chicago：The University of Chicago Press，1958. 12.

③ Ibid. , p. 22.

运用方式——仍然是难言的"[1]。也就是说语言的运用，同理解和赋义活动一样，是认识者的难言能力的运用。因此，波兰尼认为，"难言知识是自足的，而明言知识则必须依赖于被隐性地理解和运用。因此，所有的知识不是难言知识就是植根于难言知识。一种完全明言的知识是不可思议的"[2]。

4.2 技术知识的结构

在理解技术知识的本质和特征的基础上，就可以对技术知识的要素和结构进行分析。技术知识的结构是指由相互联系相互作用的知识要素所构成的一个有机整体。由于对技术知识的分析角度不同，不同的学者对技术知识结构的分析也不同。本书从分析技术人工物出发来分析技术知识的结构。

4.2.1 技术人工物的多重属性

技术知识是关于具体的现实技术的知识，包括现实的物质技术的形成原理和使用操作方法，而技术人工物正是根据技术原理设计、制造出来的。克罗斯等学者由此把技术人工物与技术知识联系起来，提出技术人工物的二元本性即结构和功能的统一造就了技术知识的二元本性，既包含结构的知识，也包含功能的知识。但技术知识和技术人工物之间仅存在这种对称关系吗？或者说，技术人工物仅有这两重属性吗？由技术人工物的双重属性得出技术知识的双重结构是过于简单的。因为技术知识作为技术实践活动的观念成果，仅对其做静态的分析是不够的。

既然我们认为技术是"人类在利用自然、改造自然的劳动过

---

[1] M. Polanyi. *Study of Man*. Chicago：The University of Chicago Press，1958. 145.

[2] Ibid.，p. 144.

程中所掌握的各种活动方式的总和"①，那么技术人工物就是非自然地产生的东西，既不是自然界现成的事物，也不是自然界演化的产物，而是人类通过设计制造而产生的事物。亚里士多德对自然物和人工物做过区分，"一切自然事物都明显地在自身内有一个运动和静止的根源。反之，床、衣服或其他诸如此类的事物，在它们各自的名称规定范围内，亦即在它们是技术制品范围内说，都没有这样一个内在的变化的冲动力的"②。也就是说，自然物变化的根源在于自身之内，而人工物与自然物完全不同，自身之内不包含产生它的根源，其根源在人工物之外。马克思也认为一切人工物都是人类劳动的产物，劳动增加了一种存在物，"在劳动过程中，人的活动借助劳动资料使劳动对象发生预定的变化。过程消失在产品中。它的产品是使用价值，是经过形式变化而适合人的需要的自然物质。劳动与劳动对象结合在一起，劳动物化了，而对象被加工了。在劳动者方面曾以动的形式表现出来的东西，现在在产品方面作为静的属性，以存在的形式表现出来。劳动者纺纱，产品就是纺成品"③。因此，技术人工物是指通过技术实践活动而生成的存在物，是人工自然的一部分。本书中的技术的人工物不包括经济关系的人工物（企业、货币等）、上层建筑的人工物（国家机器、法律等）、意识形式的人工物（文化艺术、宗教、游戏等）等类型，虽然它们也是人类实践的产物，也建立在某种人工自然基础上，但它们并不直接以技术制品的实物形态存在为目的。

　　克罗斯等人认为，人工物不仅是一个"物"，还能满足人的某种"需要"，也就是说人工物总有一定的物理结构和社会功能。很明显，人工物的物理结构可以用因果规律来描述和解释，社会功能只能用人的目的、需要、文化传统、价值观等来解释。从逻辑上来

---

① 陈凡、张明国：《解析技术》，福建人民出版社 2002 年版，第 4 页。

② 亚里士多德：《物理学》，商务印书馆 1982 年版，第 43 页。

③ 马克思：《资本论》第 1 卷，人民出版社 1975 年版，第 205 页。

说，二者之间不存在必然的联系，正如无法从"是"推出"应该"或者从"应该"推出"是"，从人工物的物理结构也无法推出社会功能，反之亦然。例如，从"猫是宠物"和"狗是宠物"只能推出"猫和狗都是宠物"，却无法推出"你应该养宠物"。但是，具有一定物理结构的人工物能同时拥有一定的社会功能，二者是如何融合到一起的呢？也就是说，技术人工物除了结构和功能以外，还具备了第三种性质，它能把结构和功能连接起来。我们知道，技术人工物正是在设计、制造、使用等动态活动过程中获得了它的物理结构，实现了其社会功能，因此，这第三种性质只能是动态过程性，技术人工物既是在技术的动态过程中产生的，又是在技术动态过程中应用的，其物理结构和社会功能只能是在这个动态过程中结合起来的，人类的意向性与自然的因果性达成一致，人类从意向性出发选择了能够满足其意向的因果性。

人类在改造自然的过程中，受自然事物及其规律的约束，又要满足自身的目的和需要，人工物的创作既要在自然规律的范围之内，又要体现具有主体意识的人的目的性，所以，在动态的技术活动过程中，创作出具有一定物理结构的人工物，同时也赋予它一定的能实现某种目的的功能。这种功能产生于工程师的头脑，物化于人工物的结构之中，形成了技术人工物的预期功能。正如一句经常被引用的马克思的话，"最蹩脚的建筑师从一开始就比最灵巧的蜜蜂高明的地方，是他在用蜂蜡建筑蜂房以前，已经在自己的头脑中把它建成了。劳动过程结束时得到的结果，在这个过程开始时就已经在劳动者的表象中存在着"①。在人工物生成之后的使用过程中，由于使用者的多样性，就会出现多样性的功能，其中就会有与其预期功能不同的新功能，这种新功能同样基于此人工物的物理结构，源于其材料和结构的客观性。

在技术人工物的三重属性中，物理结构这种客观物质性是基

① 《马克思恩格斯全集》第 23 卷，人民出版社 1995 年版，第 202 页。

础，随着材料和设计手段的发展而变化；实现主观目的社会功能是
人工物产生的动力，这种动力会随科学技术和社会的发展而变化；
动态的技术实践过程是人工物成为"实在"的条件。质料的客观
物质性为技术人工物的生成提供了可能性，主观目的性为人工物的
生成提供了规定性，技术过程性为这种可能性和规定性的结合创造
了条件，使之成为合目的性的"实在"。

人工物的物质性和目的性表明，动态的技术过程既要遵循物质
世界的规律，也是实现人类的目的和满足人类的需要，这就充分体
现了人的主体性和价值观，也体现了社会对技术的整合、塑造及选
择。技术人工物的形成过程中，要依据客体自身的客观性进行加
工，包括结构的设计和构想，使新的人工物具有符合人类需要的功
能，满足某种特定的使用目的，也就是说，在一定目的指引下，利
用存在物的客观性，使之发生改变并形成具有满足某种特定目的的
功能。因此，动态的技术活动过程是合规律性与合目的性的统一，
是技术过程和社会过程的统一。

4.2.2　技术知识的基本结构

从对技术人工物三重性的分析中可以看出，结构和功能在动态
的技术过程中逐渐协调，并最终达成一致，因此，如果从人工物的
角度来分析技术知识，技术知识也就具有三种构成：结构知识、功
能知识和过程知识。结构知识是对技术人工物客观构成的描述，如
技术理论和原理等；功能知识是对人工物要实现一定功能而必需的
操作规范的陈述，如技术手册等；过程知识则是指一定结构的人工
物实现一定功能的现实程序，如操作技能技艺等。所以，即使从人
工的角度来看技术知识，技术知识也是由描述性知识、规范性知识
和程序性知识构成。

所谓技术知识的结构，就是由描述性知识、规范性知识和程序
性知识三种要素组成的有机整体。任何时代、任何国家或地区的技
术知识结构都是由这三种技术知识要素组成的，但是在不同时期，

不同形态的知识要素相互结合却构成了不同的技术知识结构。按照知识要素在结构中的地位和作用，可以将技术知识的结构划分为以下三种类型。

（Ⅰ）程序型技术知识结构

程序型技术知识结构就是由以直观体验为主的描述性知识、以手工操作为主的规范性知识和以个体手工经验技能为主的程序性知识构成，其中以个体经验技能为主导要素的技术知识结构。

（Ⅱ）规范型技术知识结构

规范型技术知识结构由以经验总结为主的描述性知识、以机器操作为主的规范性知识和以机械性经验技能为主的程序性知识构成，其中以机器操作为主的规范性知识为主导要素的技术知识结构。

（Ⅲ）描述型技术知识结构

描述型技术知识结构是由以科学理论为主的描述性知识、以自控装置操作为主的规范性知识和以知识性经验技能为主的程序性知识构成，其中以科学理论为主的描述性知识为主导要素的技术知识结构。

这三种类型的技术知识结构是构成不同历史阶段的社会技术知识基础，其中以个体手工经验技能为主导的程序型技术知识结构是古代社会的技术知识基础，以机器操作等规范性知识为主导要素的技术知识结构是近代工业化早期社会的技术知识基础，以科学理论为主的描述性知识为主导要素的技术知识结构是现代社会的技术知识基础。

（Ⅰ）古代程序型技术知识结构

在古代，人类对自然的改造方式是直接或者以简单的手工工具作用于自然界，将客观对象改造成适合特定需要的物体。在这个过程中，技术活动与生产劳动是一体的，在劳动的过程中，劳动者操作着工具，并为它提供动力，由此来控制生产过程①。在劳动过程

---

① 钱时惕：《科技革命的历史、现状和未来》，广东教育出版社 2007 年版，第 41 页。

中，劳动者不断增长经验，提高技能。经验是劳动者在长期的劳动过程中所积累下来的思维模式，技能则是劳动过程中所展现出来的能力，经验技能大多都是关于手工操作的方法和程序，它们构成了古代技术知识的主体。此时的经验技能都是个体性的，与主体融为一体，是无法完全得到说明和阐释的。缺少这些经验技能，劳动过程就不能顺利完成。正因为这一点，古代对自然和劳动过程的描述，都是建立在个体直观体验的基础上的经验、猜测或思辨；工具也一直采用的是简单的手工工具。正如王前教授对这种技术知识结构所做的归纳，"a. 以长期实践中形成的直观体验为基础来确定技术发明、设计和实践的原理；b. 以手工业和工场手工业生产为主要载体；c. 采用手工作坊或工场的传统管理模式；d. 通过师徒传承培养专业技术人才；e. 以隐形知识的形式积淀于工匠个体身上，难以提取、分离和共享"[1]。这种类型的技术知识结构在促进了古代社会农业和手工业的发展的同时，突出了能工巧匠们的经验技能在人与自然的关系中的作用。所以，最初认为技术就是经验技能是有道理的。这样以手工操作为基础的经验技能便在古代技术知识结构中占据了主导的地位。这种技术知识结构占据了人类有史以来的最为漫长的一个阶段，发展缓慢，"早期技术发展本身必然是缓慢的，这并不是由于个人无法改进它，而是由于他们无法将这种改进传给后人。由于保密的必要性，由于个人技能无法传授，由于在行会支持下不那么成功的对手们的嫉妒愈形加剧，技术发展缓慢得无以复加……"[2]马克思也说，在资本主义"以前的生产阶段上，范围有限的知识和经验是同劳动本身直接联系在一起的，并没有发展成为同劳动相分离的独立的力量，因而整个说来从未超出制作方法的积累的范围，这种积累是一代一代加以充实的，并且是很缓慢地、一点

131

---

① 王前、金福：《中国技术思想史论》，科学出版社 2004 年版，第 150 页。

② J. D. 贝尔纳：《科学的社会功能》，商务印书馆 1985 年版，第 58 页。

一点地扩大的"①。

（Ⅱ）近代规范型技术知识结构

18 世纪以前，程序型技术知识结构在古代农业和手工业中一直占据统治地位，经验技能在其范围内不断地、缓慢地充实着、扩大着。但是，进入 18 世纪之后，随着飞梭、纺纱机和织布机的问世，蒸汽机的改进和刀架、精密镗床的发明，新诞生的机器与古代的手工工具有了本质区别，它们对经验技能和技术知识的发展产生了重大影响。

针对这一重大历史变化，列宁说道："从手工工场向工厂过渡，标志着技术的根本变革，这一变革推翻了几百年积累起来的工匠手艺。"② 列宁的这段话是要说明技术变革对社会关系的冲击，即机器工业推翻了传统的手工工业，而并不是说消灭了工匠手艺，只是改变了工匠手艺的存在形式，"使用劳动工具的技巧，也同劳动工具一起，从工人身上转到了机器上面"③。由于机械代替了手工工具，操作者不再直接把持和操作工具进行生产，而是操作机械进行生产，使得以手工操作为基础的经验技能的作用降低，以机械操作为基础的经验技能的作用得以突出。至于二者的本质区别，马克思说得很清楚，"在工场手工业和手工业中，是工人利用工具，在工厂中，是工人服侍机器。在前一种场合，劳动资料的运动从工人出发，在后一种场合，则是工人跟随劳动资料的运动。在工场手工业中，工人是一个活机构的肢体。在工厂中，死机构独立于工人而存在，工人被当做活的附属物被并入死机构"④。也就是说在工场手工业阶段，工匠的经验技能占据主导地位，工匠主动操作工具；而在机器工厂阶段则是机械占据支配地位，工人成为机器的附

① 马克思：《机器、自然力和科学的应用》，人民出版社 1978 年版，第 206—207 页。

② 《列宁全集》第 3 卷，人民出版社 1992 年版，第 415 页。

③ 《马克思恩格斯全集》第 23 卷，人民出版社 1995 年版，第 460 页。

④ 同上书，第 463 页。

属物。

当工具演化到机器阶段，由于机器本身构造的复杂性和操作的危险性，在设计完成一台机器之后，工程师必须辅之以使用说明，将其预设功能传达给操作者，此外还需要告知操作者，为了实现预定功能而必须实施的一系列操作行为①。对于操作者来说，仅仅具有以往的经验是不够的，必须重新掌握这些操作规范。因此，这种操作规范便成为技术知识结构中的主导因素。此阶段的描述性知识主要是经验的总结，科学理论也在这种总结中逐渐形成和发展，在技术发展中的作用也在逐渐扩大，"在工业革命初期——采用自动纺织机器——主要应归功于一些没有受过教育的工匠，不过一举解决了关键性的动力问题的伟大发明（蒸汽机）却至少可以部分地归功于科学"②。

（Ⅲ）现代描述型技术知识结构

马克思说："劳动资料取得机器这种物质存在方式，要求以自然力来代替人力，以自觉应用自然科学来代替从经验中得出的成规。"③ 在工业化的社会生产方式确立的过程中，技术知识的结构就在逐渐地发生变化，科学理论在其中的作用逐渐增大，直到第二次工业革命的爆发，现代技术知识的结构又发生了重大的变化，科学理论成为技术革新的先导，也即是说理论性的技术知识占据着重要的地位，并且导致一系列新工具的诞生，即自控装置。

自控装置是指在没有人直接参与的情况下，利用外加的设备或装置，使机器、设备或生产过程的某个工作状态或参数自动地按照预定的规律运行。但与此同时，自控装置又引起以技术知识为基础的知识性经验技能的产生。这种情况下，工人在生产过程中的位置就与农业社会的手工操作和工业化初期的机器操作不同，"不再是

---

① Peter Kroes. *Design Methodology and the Nature of Technical Artefacts* . Design Studies, 2002, 23 (3): 287—302.

② J. D. 贝尔纳：《科学的社会功能》，商务印书馆 1982 年版，第 64 页。

③ 《马克思恩格斯全集》第 23 卷，人民出版社 1995 年版，第 423 页。

生产过程的主要当事者，而是站在生产过程旁边，作为生产过程的监督考核调节者同自动装置发生关系，而工人这种职能的基础只能建立在对技术过程深刻原理知识的理解之上"①。这种深刻的原理知识是对技术过程的客观描述，源于科学理论对客观世界的描述，是一种描述性的知识。可见，在现代技术知识的结构中，描述性知识占主导地位。当然，其他两种形式的知识依然是技术知识结构中的必要构成部分，在某些具体情况下，甚至还起着关键的作用，但是就整个的技术知识结构而言，描述性知识确是其中的主导。

134

4.3 技术知识类型的案例分析
——硅的局部氧化技术

划分技术知识的类型是进一步分析技术知识的必要内容。在动态的技术活动过程中，工程师在解决不同的技术问题时，会用到不同类型的技术知识。文森蒂从设计过程的角度对技术知识做出了他的类型区分，这种以飞机设计过程为案例的研究为我们对技术知识进行哲学的反思提供了很好的经验材料和路径，这也是为什么《工程师知道什么，以及他们是如何知道的》这本书经常被引用的重要原因之一。但是文森蒂的研究集中于航空领域，与其他领域相比，工程技术知识的类型以及工程师获得这些知识的途径应该是有很大的不同。下面我们就选取硅的局部氧化技术来做具体分析，因为硅的局部氧化技术指向的是材料结构而非最终产品。

4.3.1 硅的局部氧化技术的背景

硅的局部氧化（LOCOS）技术是传统的半导体材料制造过程中的一个重要步骤，指在硅片上有选择地进行氧化。"硅片上的选择氧化区域是利用 SiO_2 来实现对硅表面相临器件间电隔离。传统

---

① 陈凡、张明国：《解析技术》，福建人民出版社 2002 年版，第 26 页。

的 0.25um 工艺以上的器件隔离方法是硅的局部氧化（LOCOS）。用积淀氮化物膜（Si_3N_4）作为氧化阻挡层。因为积淀在硅上的氮化物不能被氧化，所以蚀刻之后的区域可用来选择性氧化生长。热氧化之后，氮化物和任何掩膜下的氧化物都会被除去，露出赤裸的硅表面，为形成器件做准备。"（见图 4.1）[①]

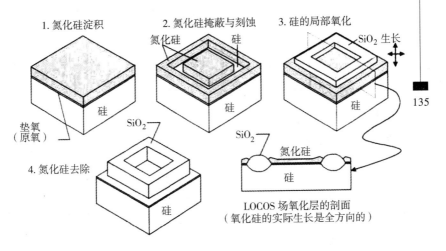

1. 氮化硅淀积　　2. 氮化硅掩蔽与刻蚀　　3. 硅的局部氧化

氮化硅　硅　　SiO_2 生长

硅　硅　硅

垫氧（原氧）　　SiO_2

4. 氮化硅去除　　SiO_2　氮化硅

硅　硅

LOCOS 场氧化层的剖面
（氧化硅的实际生长是全方向的）

图 4.1　LOCOS 工艺图

图片来源：Michael Quirk、Julian Serda：《半导体制造技术》，北京：电子工业出版社 2004 年版，第 220 页。

　　硅的局部氧化技术的发明完全是一个偶然。1967 年，当飞利浦实验室的科伊（Else Kooi）博士发现外面的一层氮化硅（Si_3N_4）可以保护里面的硅层不被氧化时，他根本就没有想到要寻找一种新的方法在硅衬底上制造半导体的结构。相反，他还希望里层的硅已经被氧化了，因为他曾经给一个由氮化硅覆盖的硅衬底加热，来看看氧化硅这一层是否会扩大。然而，让他惊奇的是，他发现只有硅衬底的背部，没有氮化硅的地方被氧化了。很快，科伊就意识到他的这个偶然发现的可能影响。通过加热部分被氮化硅覆盖的硅衬

---

　　①　Michael Quirk、Julian Serda：《半导体制造技术》，北京：电子工业出版社 2004 年版，第 220 页。

底，恰恰在没有氮化硅的地方能产生氧化硅。去除氮化硅，那么就会剩下一个平坦的半导结构，因为氧化硅会下陷一半（硅在氮化后，体积增加 2.2 倍）。这一现象将会很有用，因为对半导体来说是越平坦越好，可以提供更加可靠的互连模式。此外，下陷的氧化硅可以很好地把氧化硅左右的区域隔离开，这同样是一个可靠的半导结构所必需的。这两种性质的组合使科伊意识到这个发现的潜能[1]。

当然，把硅的局部氧化技术应用于在硅衬底上制造半导器件的过程中，都需要解决如下四个问题。

第一个问题就是在氧化过程结束后如何蚀刻掉氮化硅。除了氢氟酸之外，氮化硅好像不与其他无机酸反应，但是，氢氟酸在除掉氮化硅的同时也除掉了氧化硅。为此，我们可以采用一种催化剂——氧化铅，它使得氧化反应能在低温下发生。把氧化铅做催化剂用于硅的局部氧化过程中，就可以使得硅化物很容易溶入稀释过的氢氟酸中，而氧化硅并没有受到影响。

第二个问题是硅的局部氧化结构的凹角会发现龟裂。当运用硅的局部氧化技术生产出一批用于电视显像管的二极管之后，这个问题就出现了，好几个二极管出现了漏光，导致视频图像上出现了白点。因为氧化作用的效果会超出实际需要，氮化硅胶片上的氧化点会长大，并且会抬起氮化硅的边缘（像一个凿子那样），所产生的机械应力造成了凹角的龟裂。这个问题可以通过在硅与氮化硅之间增加一层薄的氧化硅来解决，它能够降低氧化点的效果。

第三个问题是就是"鸟嘴"和"鸟头"问题。"鸟嘴"和"鸟头"是在氧化过程中，不断增长的氧化硅被其他的结构所环绕，为了寻找出路而形成的结构。显然，这些"嘴"和"头"会干扰整体结构的平坦，所以需要剃掉它们。剃掉它们的方法是：

---

[1]　Marc J. de Vries. *The Nature of Technological Knowledge: Extending Empirically Informed Studies into What Engineers Know*. Techné, 2003, 6 (3).

"采用适当的方法涂一层光刻胶，尽量使'鸟头'上的胶比台阶下的胶薄，然后选择一种干法腐蚀方法，厚度刻蚀胶与二氧化硅相近的刻蚀速率，实现保形刻蚀，使'鸟头'降到最低程度。"①

第四个问题是出现在局部氧化结构边缘的"白丝带"。通过扫描电子显微镜影像看，这些"白丝带"是硅衬底上一个狭窄的非氧化区域。这些"白丝带"是在局部氧化的过程中形成的氮化物，为了保证整体结构的平坦性，如何去掉它们呢？一般可以采用深蚀刻的方法，把氮化物的氧化面和氮化物一起去掉。

上述这四个问题只是硅的局部氧化技术中所要解决的一系列问题中的几个，但解决这几个问题的过程已经为我们反思技术知识的类型提供了较为充分的材料。下面我就仔细分析在解决不同的问题中所采用的不同类型的知识。

4.3.2 硅的局部氧化过程中的技术知识类型

在解决上述四个问题的过程中，工程师需要组合不同类型的知识。当然，在解决不同问题时，组合的知识也是不同的。

解决问题过程中的第一步是识别出氮化硅作为硅衬底的氧化掩膜的潜能。能做到这一点的工程师具备了以下知识：（1）通过检查加热的基片，发现氮化硅下面的硅没有被氧化。从这一现象他推断出氮化物保护了下面的硅，使之避免被氧化。（2）掩膜通常被用于在硅衬底上做氧化模，这是二维技术的基本原理。（3）具有很好稳定性的氧化硅可以用来作保护层。（4）氮化硅的材料性质，也就是说，在氧化过程中氮化硅是比氧化硅更好的保护质，以避免杂质的引入。（5）硅氧化后的体积是氧化前的两倍，因此可以在硅衬底上下陷一半，这可以形成一个相当平的表面，而这样的表面对二维结构来说是很好的，它可以与放在它上面的金属条形成更好的连接。

---

① 欧益宏等：《大规模集成电路工艺中"鸟头"平坦化的研究》，《微电子学》2002 年第 32（3）期，第 192—194 页。

所有这些知识放在一起使科伊意识到用氮化硅做掩膜在硅衬底上做氧化模可以获得相当平坦和稳定的表面，并且几乎没有杂质。

显然这是一个多重知识的组合，使得这个发明如此的有意义。某些知识必须与选取的材料能够实现某种意向性功能有关，所以，也可以称之为"功能性质知识"，因为它们与材料的功能属性相关。在梅杰斯（Anthonie Meijers）看来，它们是人工物的相关属性①。在硅的局部氧化技术中，关于掩膜功能的知识就属于这种类型。某些知识必须与材料的自然属性相关，也即是材料的物理属性，可以表述为"在高温的情况下，杂质不易进入氮化硅中"，因此可以称之为"物理性质知识"。然后还得有判断材料的性质是否适合二维结构的知识，如氧化硅下陷一半对平坦性要求来说就是好的，氮化硅层能够保护下面的硅不被氧化的性能就使得它能够成为平面技术中的掩膜，这种知识可以称作"手段—目的知识"。此外，还需要设计一个过程，把新发现的性质组合起来生产出一个二极晶体管，比如先淀积氮化硅膜，然后氧化，再然后去掉氮化物，也就是说哪些系列的行动能够导致设计的结果，关于这一系列行动过程的知识可以称之为"行动知识"。

如上所述，在解决第一个问题的时候用到的知识最丰富。为了控制局部氧化的过程，做到既蚀刻掉氮化硅又不能损伤氧化硅，工程师需要知道氧化铅的催化剂功能，氧化铅的加入可以使硅在较低的温度下氧化。低温氧化是有用的，因为在高温情况下，PN 结会受到施主和受主不断增长的迁移率的干扰，而低温氧化则可以避免这一干扰，并且氧化铅所形成的铅玻璃使得蚀刻硅化物很容易并且不伤害氧化硅。作为工程师，解决这个问题的过程中至少组合了三种类型的知识：(1)物理性质知识，氧化铅能够使硅的氧化反应在

① Anthonie Meijers. *The relational ontology of technical artifacts*. Peter Kroes, Anthonie Meijers. *The Empirical Turn in the Philosophy of Technology*. Oxford：Elsevier Science，2000. 81 – 96.

较低的温度下进行；（2）手段—目的知识，在局部氧化过程中，氧化铅可以实现催化剂的功能；（3）行动知识，加入氧化铅做催化剂的行为能够使局部氧化完成。

　　在解决第二个问题——凹角的裂缝——的过程中，不涉及物理性质知识和功能性质知识，这里仅仅需要创造出一层薄氧化层就能减少氮化硅边缘的应力，形成一个较好的结合结构，从而减少裂缝的出现。所以这里只有行动知识，创造出额外氧化层的行动就会起到积极的效果。同样，在解决第三个问题——"鸟嘴"效应——的过程中，主要也是依靠行动知识，即剃掉这个不受欢迎的副产物。在解决第四个问题——"白丝带"效应——的过程中，首先包括物理性质知识，即有关硅的性质知识，在氧与氮同时出现的时候，硅倾向于与氧发生反应而非与氮反应，所以深蚀刻不仅能去掉氮氧化层，还能去掉氮化物。所以，这里除了物理性质知识以外，还包括功能性质知识，即把这种知识用于解决"白丝带"效应需要把握深蚀刻技术的功能。当然，手段—目的知识包含在所有的步骤中。局部氧化过程是要得到我们所需要的二维结构，如在不同的掺杂区域之间形成良好的隔离、良好的稳定性以及表面良好的平坦性稳定性，但是氧化过程中实际形成的结构与我们所需要的结构之间总能出现意外的问题，而所有要解决的问题都与这一事实有关，因此可以说手段—目的知识与所有问题的解决都有关。

　　我们对技术知识类型的区分立足于技术活动的动态过程，为反思技术知识提供一个新的角度，而非认为技术知识只可以区分为这四种类型。当前，不同的学者从不同的角度对技术知识做出了类型区分：最一般区分的把技术知识区分为理论知识和经验知识；波兰尼根据表达形式的不同，把技术知识区分为明言知识和难言知识；贝尔德根据知识载体的不同，把技术知识区分为物质形态的知识和观念形态的知识，前者指内嵌于工具中的知识，后者是存在于操作者头脑中的知识；克罗斯依据技术人工物的双重属性把技术知识区分为结构知识和功能知识。这些类型划分同样有助于我们把握技术

139

知识的实质和独特性。此外，技术因素和社会因素如何在技术活动过程中集成也成为当下研究的热点，因为技术人工物不仅要能实现其功能，还必须适应使用者的要求和其他社会需要。所以，工程师必须集成多种不同类型的知识要素，这也导致技术知识成为多重知识要素构成的整体。

第5章 技术认识的情境性解读

　　无论是从动态的角度分析技术认识的不同阶段，还是从静态的角度分析技术知识的本质，都是对技术认识自身进行分析，接下来是把技术认识放在大的社会背景中进行分析。技术认识与社会其他因素之间的关系究竟如何？一般的观点认为从技术认识的角度看，社会其他因素构成技术认识的环境，也就是说社会其他因素构成技术认识的情境。那么这种情境关系在何种程度上成立？社会因素究竟是技术认识的外在情境还是内在构成要素？这将是本章所要讨论的主要内容。

5.1　技术认识与情境

5.1.1　"情境"释义

　　工程技术中的"情境"，在哲学、人类学和语言学中习惯称之为"语境"，二者均源于英文词"context"。"语境"（context）这一概念最初由人类学家马凌诺斯基（B. Malinowski）提出，后成为语言学中的一个主要概念。当前，这一概念则频繁地出现于哲学、解释学、修辞学以及文学研究中，而不再专属于语言学领域，成为了一个"时髦"的术语。但对于"语境"的内涵，不同的学科和领域有着不同的理解。《辞海》中把"语境"界定为"①说话的现实情景，即运用语言进行交际的具体场合，一般包括社会环境、自然环境、时间地点、听读对象、作（或说）者心境、词句的上下文等项因素。……②专指某个语言成素（主要是句子）出现的'上下文。'"① 这一界定就是以语言学为基础的。马凌诺斯基把语境分为两类，情境语境和文化语境，也可以说是语言性语境和非语言性语境，前者是指交际过程中某一话语结构表达某种特定意义时所依赖的各种表现为言辞的上下文，它既包括书面语中的上下文，也包括口语中的前言后语；后者指的是交流过程中某一话语结构表达某种特定意义时所依赖的各种主客观因素，包括时间、地点、场合、话题、交际者的身份、地位、心理背景、文化背景、交际目的、交际方式、交际内容所涉及的对象以及各种与话语结构同时出现的非语言符号（如姿势、手势）等，一般我们称后者为"情境"②。工程技术中的"情境"所指称的对象也与此相关，指技术活动中和技术人工物为实现其功能所依赖的各种主客观因素。但是通过所指称的因素来界定一个概念，总是不充分的，还是需要从获得其内涵着手。在工程和技术活动中，"情境"内涵究竟是什么？我们认为技术认识中的"情境"是内在于技术活动、技术知识和技术人工物的外在关联域。尽管情境所包含的内容十分广泛，既有客观的时空等因素，也有主观的社会历史文化传统和相关人员的社会角色、文化背景、气质个性等因素，但它们有一个共同的特点，都与具体的工程技术相"关联"。

通过上述分析可以基本概括出"情境"的三个本质特征。第一，实在性。社会建构论认为情境能够决定工程技术的生成、发展和消亡，虽然我们一般也强调情境与工程技术之间的辩证关系，但从情境的角度看，它确实能够决定工程技术的生成和发展，也决定着工程技术的性质；具体的工程技术即是情境中的工程技术，情境是工程技术的存在方式，工程技术无法脱离其情境而存在；工程技

---

① 夏征农：《辞海》，上海辞书出版社 1999 年版，第 1068 页。
② 朱春艳、陈凡：《语境论与技术哲学发展的当代特征》，《科学技术哲学研究》2011 年第 28（2）期，第 21—25 页。

术也是情境的组成部分之一，情境不是外在于工程技术的环境，而是内在于工程技术之中的，二者构成一个有机整体。因此，情境对工程技术的影响不是边缘性的，而是决定性的。第二，变动性。把技术认识放在情境中展开研究的价值就在于它将静态的技术知识分析引向了动态的实践研究。具体技术活动的情境是处于不断变化之中的，但分析技术认识不仅要研究这种动态的情境，还需要分析静态的情境。如我们从语言学的角度分析什么样的陈述为技术知识就是静态分析；每个工程师在设计技术人工物时所面临的情境都是不同的，每个使用者在使用技术人工物的时候所面临的情境也是不断变化着的，这样的情境又是动态的。由此我们可以看出，虽然分析静态的技术知识是一个重要环节，但这只是一种理想化的审视，把技术认识放在动态的实践情境中进行分析才是真实的本质研究。第三，开放性。技术是人类存在的方式之一，只要人类存在，它就会被无限地使用，情境就是这种无限使用过程中的具体主客观因素，因此情境也会随着这种无限使用而有着无限的开放性。因为任何一个具体的技术人工物总为进一步的使用敞开着大门，一旦它被进一步地使用，就会形成一个不同于原初模式的新情境。不过情境的这种开放性是理论性的，对任何具体的技术而言，其情境也具有某种程度的封闭性。在语言学中，语境无论在语形、语义还是语用上都是有其边界的①。工程技术中的情境虽然从整体上看，它是无边无际的，但对于某个具体的工程技术活动来说，它一旦出现，边界也随之确定。情境的这种封闭性也是非常重要的，具体的技术活动只有在这种相对封闭的情境中才能完成。

　　由上述分析可以得出，情境对于具体的工程技术活动来说是非常重要的，但是它究竟有哪些具体的功能？这也是一个需要明确的问题。日本学者西積光正从语言学的角度把语境的功能分为八种：

---

　　①　郭贵春：《语境的边界及其意义》，《哲学研究》2009 年第 2 期，第 94—100 页。

绝对功能、生成功能、制约功能、解释功能、设计功能、滤补功能、转化功能和习得功能①。但是工程技术中的情境所具有的功能却不能与语境的这些功能等同，一般来说，情境具有以下两个主要功能。第一，孕育功能。情境的孕育功能与其实在性特征相一致。情境是具体工程技术的生成、发展和消亡的母体情境，因此发挥着孕育功能，即使是对输入的工程技术，也是如此。诞生于其他情境中的某一具体工程技术，一旦进入一个新的情境之后，无法不受到后者的影响和塑造，或者与新的情境相融合而得以新生，或者消

144

亡。第二，解释功能。情境对于任何一个工程技术来说都具有解释功能，我们无法离开它来研究具体的工程技术。具体的研究工程技术，就必须使其情景化，情境化是确定工程技术的功能的重要手段。工程技术的情景化就是明确其所处的设计情境、历史情境和现实情境，关注各种因素对其结构和功能的影响，只有在确定的情境中，工程技术才能准确地发挥其功能。此处所说的孕育功能和解释功能其实是从不同的角度看待同一对象，只是侧重不同而已，孕育功能侧重于工程技术的存在和发展，解释功能侧重于工程技术的使用范围和有效性。

为了更好地理解情境，有必要明确一下它是怎么被运用的。首先，情境可以被用于指明一种实在关系。"'语境'不是一个独立自存的实体，也不仅仅是外在的环境，而是表现出行动者和他的环境之间的耦合状态，是不同事物间发生关系时表现出来的相关性。"② 情境的这种用法是用来表明情境与工程技术之间是一种实在关系，情境决定着工程技术的生成和发展。其次，情境可以被看作是一种"边界"，这与情境的相对封闭性相关。工程技术的情境一旦出现，便划定了一个有效性的边界，在这个自成体系的范围

① 西稹光正：《语境与语言研究》，《语境研究论文集》，北京语言学院出版社1992年版，第27—44页。

② 朱春艳、陈凡：《语境论与技术哲学发展的当代特征》，《科学技术哲学研究》2011年第28（2）期，第21—25页。

内，有一系列的设计和使用规则来保证工程技术的有效性。再次，情境可以被用于比较。在对工程技术进行比较研究以及研究其传播问题时，就需要把工程技术与不同的情境联系起来，这往往会涉及工程技术的母体情境，以及它进入另一种情境时所发生的变异等问题。最后，情境可被用于交流。随着工程技术传播范围的扩大，不同的文化、国家和民族之间的交流日益频繁，情境也被用于泛指与对话有关的各种因素。如东西方工程技术交流的情境就包括东西方的时空因素、文化传统和各自采取的交流策略等，古今交流的情境就会涉及工程技术的在历史上的来龙去脉、当下的发展状态、早期的存在状态对当下状态的影响等。

145

5.1.2　技术认识情境的多重因素

如上所述，情境所包含的内容异常丰富，既有客观的时空因素，也有社会的政治、经济、文化等因素，还有个体的气质、个性、心理等主观因素。分析情境中的不同因素究竟是如何作用于工程技术的，是技术认识论中的一个必要课题。

情境中的自然因素指的是工程技术活动所在的一定区域内自然地理环境，包括资源、能源、气候、地理等实际状况。工程技术活动中最先需要考虑的就是这些自然因素，最先需要满足的也是这些自然条件，因为在一般情况下，这些自然因素是无法改变的，它们遵循着铁的自然规律，是最基础的客观因素。"天有时，地有气，材有美，工有巧。合此四者，然后可以为良。材美工巧，然而不良，则不时，不得地气也。"① 这是我们耳熟能详的一段话，说的就是天有天时和阴晴寒暑的变化，地有地气、方位和土壤刚柔的区别，材料质地良好，工艺加工精巧，只有将这四者紧密地配合起来，所制作出来的器物才能称得上精良。如果这四者配合不好，即使做到了材美工巧，器物也不能称得上真正的精良，因为它不能适

---

① 张道一：《考工记注释》，陕西人民美术出版社 2004 年版，第 10 页。

应于当时的天时和地气。在自然因素的范围内，做好人与自然之间的协调，工程技术才能真正发挥其功能。

在工程技术日益社会化和建制化的今天，政治因素对工程技术的作用是重大而明显的。在不同国家间的政治竞争中，工程技术的作用越来越大，不再仅仅是作为人与自然的中介，而成为政治竞争的工具，在不同文明形态和不同意识形态国家之间的竞争中，其作用尤为明显。"二战"之后，各国工程技术的重要进展基本上都是在国家的发展规划之下取得的。"目前无论是把科技当作国家能力的工具，还是当作国家特殊的目标，它的发展都成为国人关注的中心，而且各国对科学技术 R&D 规划的支持也已成为政府永久和制度化的功能。"①

经济因素是影响工程技术发展的强大力量，适用于社会经济需要的工程技术才能够得到快速的发展和广泛地应用，否则就只能消亡。默顿（Robert King Merton）在研究 17 世纪英国科学、技术与社会的关系时，就认为当时经济发展状况起着决定性的作用，"技术方面的意义又总与经济上的估计密切相关"，"那些能够帮助英格兰谋求经济上的统治地位的发明活动，也就是纺织业、农业、采矿业和造船业，才是最有价值的"②。李约瑟（Joseph Needham）在研究中国近代科技发展落后的原因时，也认为正是由于对科技发展的经济需求不足，才影响了科技成果的社会实现。同时，社会对工程技术的承认和接受与经济需求的程度也密切相关。所以，在工程技术的发展过程中，与经济需求相匹配的工程技术才能转化成现实的社会生产力。

文化因素所涉及的内容也很多，包括物质文化、行为文化和观念文化。物质文化是工程技术发展的基础，奥格本（William Fielding Ogburn）在谈到文化成长的速度时，细致分析了发明与已有物

---

① 陈凡、张明国：《解析技术》，福建人民出版社 2002 年版，第 87 页。
② 默顿：《十七世纪英国科学、技术与社会》，商务印书馆 2000 年版，第 193 页。

质文化之间的关系，"我们考察现有的技术装备和发明的数量之间的关系可以发现，物质文化的装备越大，则发明的数量越多。可借以发明的东西越多，则发明的数量也越多。……物质文化小，发明也少，物质文化大，发明也多"①。行为文化通常是由社会精英人群的个体行为所延伸出来的文化和渊源，它能引领社会个体对待工程技术的态度。在中国的传统文化中，人们更多关注的是伦理道德这种人与人之间的交往规则和方式，并且以此来规范人与自然之间的交往规则和方式，社会的精英阶层重视的是修身、齐家、治国、平天下，而对科学技术则不甚关注，甚至称之为奇技淫巧，所以，科举和仕途成为了他们奋斗的目标。整个社会的这种行为价值取向阻碍了中国近代科技的发展。在日本的传统文化中，人们崇尚的是亲自参加劳动，所以在引进西方科技的过程中，他们能亲自参与学习和创新，而非假手于人，正是这样的行为价值取向加速了日本技术创新的过程，形成了自身的工程技术发展风格。与物质文化相比，观念文化的发展是缓慢和难以改变的，由此在物质文化与观念文化之间形成了一定的"滞差"，原有的观念文化与工程技术变革之间的不协调会阻碍工程技术的发展。

　　当然，情境中除了这些社会宏观因素以外，还包括工程师和使用者个体对工程技术的认知、情感、动机和态度等微观因素。

　　认知"泛指全部认识的总称，包括知觉、注意、记忆、想象、思维等一系列心理活动"②。工程技术活动中的认知是指社会个体对工程技术形象的认识和理解，对技术价值的评价。对工程技术的认知影响其发展动力、方向和实现程度。从工程技术发展的历程上看，个体认知具有时代性和区域性，在不同的时代和不同的区域，个体对工程技术的认知也会截然不同。古代中国把科学技术视为奇

147

①　奥格本：《社会变迁——关于文化和先天的本质》，浙江人民出版社 1989 年版，第 60 页。

②　车文博：《当代西方心理学新词典》，吉林人民出版社 2001 年版，第 298 页。

技淫巧，而现代则视为第一生产力。再比如汽车业，一般都会认为美国车大气耐用，日本车则是漂亮实惠。正是这样不同的认知，影响了不同国家科技发展的方向。同样工程技术的不同特点也影响到个体认知，即不同类型的工程技术给个体造成的形象也不同，从而影响了个体对其价值的认同和接受，也就影响了其社会实现程度。一般来说，与个体日常生活越密切的工程技术，其变革和创新就越易于为个体理解和接受，也较容易实现，反之则不易实现。

情感是"人对客观事物是否符合其需要所产生的态度体验"[1]，工程技术活动中的情感是个体对工程技术的一种内心体验和相应的情绪反应。一般来说，个体情感的两个极端是：积极肯定和消极否定。若个体对工程技术的情感是积极肯定的，那就是说他承认工程技术的社会功能，就会倾向于赞赏、关心和使用技术，对工程技术易于产生一种崇拜和乐观的情绪。积极肯定的情绪有益于工程技术的社会实现，推动技术发展的进程，但也易于忽视工程技术所产生的负面问题，技术乐观主义者就是如此。相反，若个体对工程技术的情感是消极否定的，认为工程技术存在着异化，有悖于人性，对工程技术易于产生的是憎恶和疏远的情绪。消极否定的情绪不利于工程技术的社会实现，会阻碍技术的发展，但它能深刻地揭示出工程技术可能会造成的恶果，技术悲观主义者即如是。

动机是"直接推动个体行为活动的内部原因。它是引起和维持个体行为并将此行为导向某一目标的愿望或意念，是活动的推动者"[2]。工程技术活动中的动机是推动个体采取技术行为的内在动力，体现了个体的实际需要。当然，个体动机与技术行为之间的关系是复杂的。同一动机可导致不同的技术行为，如冬季室内取暖这一动机就可以导致多种技术行为，或者在室内燃烧煤炭或者柴火，或者安装电暖气或空调，或者接入集中供热系统等等。同样，同一

[1] 车文博：《当代西方心理学新词典》，吉林人民出版社2001年版，第271页。
[2] 同上书，第64页。

技术行为也可以由不同的动机驱动，如某工程师对原有的生产技术进行革新这一技术行为就可能有多种动机来驱动，或者是希望新技术能提高企业竞争力和增加利润，或者是希望新技术能降低工人劳动强度和减少劳动时间，或者希望新技术能够提升产品质量以满足消费者的需求，或者希望通过新技术来实现自身价值。

态度是指"个体对事情的反应方式，这种积极或者消极的反应是可以进行评价的，它通常体现在个体的信念、感觉或者行为倾向中"①。工程技术活动中的态度是个体对工程技术的综合心理倾向，是个体在自身道德观和价值观基础上对工程技术的评价和行为倾向，由对工程技术的认知、情感和动机构成。激发态度中任一要素，就会引发另外两个要素的相应反应，也就是说在一般情况下，三者是协调一致的。比如说个体对某项技术的认知是准确的，对其价值评价是肯定的，在情感上他就会对此技术表现出赞赏、亲切和关注，在动机上也会表现出对此技术目的的趋向性，此时他对此项技术就会形成积极的态度。当然，这三要素之间的关系并不总是线性的，在它们不协调时，情感往往占有主导地位，决定态度的基本取向与行为倾向。比如，尽管个体对某项技术有了准确的认知，但是由于情感上的障碍，就形成不了使用此项技术的内驱力，因而对此技术采取的是漠视或者反对的态度。

从对上述多重因素的分析中可以看出，情境绝非单纯、孤立的概念，而是一个复杂的整体系统范畴。运用这种整体系统的情境，可以消解传统认识论中的主体与客体、观察与陈述、事实与价值、精神与世界、内在与外在的二分，在一定程度上能够解决认识的一致性难题。情境中的多重要素融合为不可分割的一体，并且一切自然的、社会的、历史文化的宏观要素都要渗入到个体态度中，通过个体态度去推动情境的运动、变化和发展。情境的运动、变化和发

149

---

① 戴维·迈尔斯：《社会心理学》（第 8 版），人民邮电出版社 2006 年版，第 97—98 页。

展，实质是一种"再情景化"的过程，在语言学中被称之为"再语境化"①（Recontextualization）。再情景化的过程实质就是工程技术的新功能不断得到容纳，旧功能不断地被消解，从而造成推动情境不断变化的内在动力，这种动力也在情境中不断地生成、消亡、再生成、再消亡，以此构成情境的动态平衡。

5.1.3　技术认识情境的意义

从对情境的多重要素的分析中可以看出，情境是运动的，而非静止的。情境中的工程技术与其他要素之间的张力构成了情境运动的内在动力。所以，要具体地研究技术认识，就需要从情境的角度研究具体的工程技术，正如一个词只有在特定的句子语境中才有意义一样，只有在具体的情境中，工程技术才能获得和实现其功能，才能获得其意义。正如郭贵春教授所言："在任一特定的语境中，对象是语境化了的对象，语境是对象化了的语境；对象不能超越语境，语境不能独立于对象，二者是一致的。因此，语境的相对独立性和独立于语境的东西，不应当像在传统哲学中那样造成人为的二元对立，而应当是统一的。在这里，'超语境'和'前语境'的东西不具有直接的认识论意义，任何东西都只有在'再语境化'的过程中融入新的语境之中，才具有生动的和现实的意义。"② 对象与语境的这种关系同样适用于工程技术与情境的关系。

从情境的角度来分析技术认识有其独特的优势。虽然情境中所包含的因素众多，但把技术认识放在情境中进行分析，是可以排除其他不必要因素而直接对技术认识进行分析的，而非对技术认识仅作抽象的反思。在方法论上，可以从诸多的情境因素及其相关联中去分析技术认识，不仅能够丰富工程技术的多种功能，而且也不再

---

① 郭贵春、李红：《自然主义的"再语境化"》，《自然辩证法研究》1997 年第 13（12）期，第 1—6 页。

② 郭贵春：《论语境》，《哲学研究》1997 年第 4 期，第 46—52 页。

囿于仅从设计功能来分析工程技术自身。同时，只有在情境中，工程技术的功能是否能够实现以及实现程度如何才能真实地展现出来，才能得到合适的评价。虽然在确定的情境中，人们可以通过某种形式对工程技术的功能进行不同的重构或者说明，但是却不能脱离情境进行抽象的构造，因此，可以说情境为工程技术实现其功能提供了现实性。首先，情境为工程技术实现其功能提供了时空条件，它保证了工程技术的功能由抽象到具体、由设计功能到现实功能的转变。因为当某项技术从一个时空转移到另一个时空之后，其设计功能与现实功能之间究竟是同一的，还是不同一的？这个问题由具体情境来解决。当然，除了时空条件以外，情境还为工程技术功能的实现提供了其他一切显性或者隐性的条件，包括设计功能的演化轨迹，由设计功能到现实功能之间的因果链条，这就使得设计功能转化为现实功能提供了线索。这就说明，工程技术实现其功能并不是纯粹偶然的，是有迹可循的，隐含着某种必然性和规律性；但也不是纯粹必然的，具体情境中的工程技术究竟实现其哪种功能是有不可避免的偶然性的。比如说，水果刀的设计功能是削水果，但依据其结构，也可以被当作是凶器，但对于放在桌上的水果刀来说，它将要被用于削水果还是用于扎人则是不确定的。所以，情境是偶然和必然的统一。情境就为工程技术实现其功能提供了确定的条件，这些条件必须能使得工程技术突破其设计功能的限制，因为其功能永远不能在不完备的情况下得到充分的展现。

　　除此之外，把技术认识放在情境中进行研究，其实质就是具体地、系统地和综合地研究技术认识。

　　在主流的技术哲学家那里，技术通常是被作为一个整体看待的，技术是一种抽象的、理想化的对象，而非当下的具体存在，如技术在海德格尔那里被看作是"座架"，在埃吕尔那里被看作是"系统"，在芒福德那里被看作是"巨机器"，在马尔库塞那里更是被看作是"意识形态"。主流技术哲学家反思的技术是一种适用于所有情形的、作为总的行为原则的"大技术"，不可否认，他们的反思是深刻的，同样不可否认的是由于他们对具体工程技术的认识有限，致使其反思脱离了现实的具体工程技术，脱离了个体的具体工程技术活动，导致实质的影响有限，也限制了技术哲学的发展。从情境的角度研究技术认识，就可以避免这一问题。情境中的技术认识就是要研究"小技术"，研究具体的、特定的技术，不仅要研究各种不同类型的技术，如建筑技术、航空航天技术、核能技术、信息技术、基因技术、纳米技术等等，每一项技术都是技术认识论所要具体分析和反思的技术，而且即使是对技术自身的反思，也不是把它从情境中抽象出来，而是放在具体的情境中加以探究，"技术的意义是在语境中体现出来的"①。把技术认识放入情境中研究，为技术认识论的研究开辟了一条新的道路，技术哲学中的"认识论转向""经验转向"，以及当先的"伦理学转向"都是对这一研究趋势的响应。

如前文所述，早期的技术哲学研究一直沿着两条平行的路线进行，人文的技术哲学与工程的技术哲学。拉普在《技术哲学纲要》中就明确提出了这两种研究范式：工程的技术哲学"强调对技术本身的性质进行分析：它的概念，方法论程序，认知结构以及客观的表现形式。它开始使用占统治地位的技术术语解释更大范围的世界"；人文的技术哲学则"力求洞察技术的意义，即它与超技术事物：艺术和文学、伦理学与政治学、宗教等的关系。因此，它也力图增强对非技术事物的意识"②。这两种研究范式虽然在研究路线、方法和价值导向上可以说是完全不同，但它们有一个共同的理论前提，那就是技术决定论。工程传统对技术的发展前景抱有乐观的态度，认为随着工程技术的发展，新技术能够解决老技术所遗留下来的问题，人类世界最终能够实现物质文明和精神文明的极大丰富；

---

① 朱春艳、陈凡：《语境论与技术哲学发展的当代特征》，《科学技术哲学研究》2011 年第 28（2）期，第 21—25 页。

② 拉普：《技术哲学纲要》，转引自卡尔·米切姆《技术哲学概论》，天津科学技术出版社 1999 年版，第 39 页。

人文传统则对技术的发展前景持悲观态度，认为随着工程技术的发展，人性的本真状态越来越受到压抑，最终人类会成为工程技术的奴隶。所以，不管是工程传统还是人文传统，在他们看来，技术都是独立于人，并对人类社会起着决定作用。在认识论问题上，早期工程的技术哲学"把技术知识看成是普遍的、共性的、唯一的"，仅强调对技术知识进行严格的逻辑分析。把技术认识放在情境中考察是一种系统研究，不仅要考察工程技术的设计、创新和使用问题，还需要分析工程技术活动中知识的转换问题，难言知识、地方知识的作用机制问题，各情境因素的作用和影响问题等，"技术不是外在于它的情境，情境是它的自身的一部分"①。

153

　　长期以来，主流的技术哲学坚持对技术的批判，似乎只有批判才能称得上是哲学的反思，这种研究方法使得技术哲学家与工程师长期互不往来，技术哲学家也不关注工程技术的实际使用问题，也直接导致了技术哲学家不懂技术，被工程师认为是仇视技术的人。面对这种局面，技术哲学家们也认为，对技术的哲学反思不能开始于对技术的预先设想，而必须建立在对现代技术的复杂性与丰富性的适当的经验描述上。正是这一研究诉求引起了技术哲学的"经验转向"。20 世纪 90 年代，克罗斯等人提出，经验转向的技术哲学不能失去其哲学性而转变成经验学科，不能离开它规范性的内容，而是要求把关于技术及其效果的哲学分析建立在对技术的充分的经验描述之上，并且要澄清经验描述时的基本概念和概念框架。皮特把实用主义和分析哲学结合起来，提出了"实用主义分析技术哲学"，关注于技术认识论的研究。伊德将传统现象学和实用主义的基本理论结合起来，通过分析人与技术人工物以及世界之间的四种关系，研究技术对人类的经验与知觉以及对世界的影响。可见，现代的技术认识论研究已经突破了传统的批判研究，反对将技

---

　　① 　朱春艳、陈凡：《语境论与技术哲学发展的当代特征》，《科学技术哲学研究》2011 年第 28（2）期，第 21—25 页。

术的本质固定化、抽象化，强调在具体情境中研究技术，强调综合多种研究方式进行综合研究。

5.2 技术认识情境的多重研究视角

情境问题可以说是一个老问题，因为人类很早就知道技术人工物或者技术方案要适合于特定的原材料和社会条件，"天有时，地有气，材有美，工有巧。合此四者，然后可以为良"①。然而，它也是一个新问题，因为当下我们在讨论技术人工物的结构与功能之间的关系时，在工程技术进行理论和实践的反思时，情境问题是其中的核心问题。

有关情境的界定、结构和功能等问题，在人工智能、认知科学和计算机科学中已取得了很大的进展。然而尽管情境研究在技术哲学中已做出了显著而重要的作用，但对情境问题的研究还很不够。好在现象学、分析哲学以及语言学这些主流流派已经关注到了技术哲学，关注到了技术哲学中的情境问题，这些新的研究路径不同于传统的普遍主义和相对主义，为我们提供了新的选择。

5.2.1 分析哲学的视角

分析的技术哲学关注的并非技术现象的抽象解释，而是工程技术的活动过程，因此将技术哲学从抽象的空中拉回现实的地面，尽管它依然关注诸如人与自然的关系这类抽象的问题，但还是为反思技术人工物的结构和功能提供了一个坚实的基础②。运用分析的方法强调人类意向和预期在设计过程中的作用，对于那些具体的社会

---

① 张道一：《考工记注释》，陕西人民美术出版社 2004 年版，第 10 页。

② Peter Kroes. *Screwdriver philosophy*：*Searle's analysis of technical functions*. Techné, 2003, 6 (3).

使用、需要和要求，则越来越重视它们的情境。

拉普在《分析的技术哲学》中写道："具体的人工物，及其生产和使用的过程，构成了现代技术的核心，如果不提及它们的工程方法、研究和发展过程，现代技术的动态过程几乎不可能得到一个合适的解释。这并不意味着文化的、社会的、经济的因素与此不相干，它们的具体影响已经融入到了这个动态的过程中了。"① 但是这里要明确一个问题，技术的发展究竟是由其内在逻辑和动力推动还是由外在的经济或社会因素决定的？在设计过程中，工程师综合运用了内在和外在的限制因素，因此，技术是由多重因素共同塑造的，其中包括限制因素的灵活性、技术的使用方式、技术过程中的创新、人工物的类型、对人工物进行改变的方式、人工物的历史、人工物嵌入社会的路径等。

分析路径还提出了系列的专业词汇，用于准确地表述设计过程的各个方面。如设计产品就是指还处于设计过程中的产品，属性是指设计产品的特性，因素是指影响设计产品和设计过程特性的外在因素。设计关联是指设计产品的属性与影响因素之间的联系，设计过程是指实现预期目标所必需的有序设计活动，设计作业是指从当下的设计条件开始，直到实现设计目标的整个任务。设计活动是设计者使设计产品或者设计过程朝设计目标转变。相比之下，设计活动的目标是指实现设计产品的预期表现。设计境况是一种状态，一种随着时间转换并且受外界情境中多重因素影响和冲击的状态。在一系列行动的作用下，设计境况可以转变，设计者可以调整设计产品和设计过程的状态，利益相关者可以调整设计情境，利益相关者是指那些在设计产品和设计过程中具有利益的行动者，如消费者、生产主管、物流主管等等。设计情境同样可以由设计者与利益相关

---

① Friedrich Rapp. *Analytical philosophy of technology*. 转引自 Steen Hyldgaard Christensen, Bernard Delahousse, Martin Meganck. *Engineering in context*. Denmark：Academica, 2009. 81。

者之间的相互作用得以调整。与其他团体的相互作用表明，工程技术设计活动是向其他非技术因素敞开的。

对工程技术进行分析透视的问题在于如何明确情境因素与工程技术的内部过程之间的关系，因此我们需要更精确地分析设计者之间以及设计者与其他利益相关之间的对话的可能性条件。从分析的视角来看，把技术认识放在情境中研究，实际上是一种经济的方法，可以排除掉人类行为、交流和诠释的复杂性和不确定性。

但是这种分析的路径也并没有真正地解决存在于设计者与利益相关者之间的经验或者文化鸿沟问题。运用其他传统，比如现象学，也许是很有启发性的，至少可以提供另一种研究工程技术过程中的不同团体和文化之间关系的视角。

5.2.2　现象学的视角

技术现象学长期以来受到海德格尔及其追随者，如伯格曼等思想的影响，但是现在这种传统思想受到了"后现象学"的质疑，后现象学远离了海德格尔，而与胡塞尔或者梅洛－庞蒂的思想接近。伊德作为技术现象学的一个主要代表人物，他对工程技术的情境问题做了很深入的探讨。

在伊德看来，人类正是在不断地与世界的接触中才意识到自身的存在。在胡塞尔那里，人与世界的关系是由以个体意识为基础和特征的意向性来确定的，但是在伊德这里，人与世界之间关系的中介可以是事情、物体，或者人工物。当人工物作为人与世界之间关系的中介时，它就不是纯粹的中介，而是某种真正的调节者，影响着人们对世界的感知，但是人工物的这种调节作用并非人工物自身的本质属性，而是人、技术与世界之间关系的属性。在伊德那里，意向性关系可以简要地表述为：人—技术—世界。这种意向性关系可以区分四种关系：体现关系、解释关系、他者关系和背景关系①。

（Ⅰ）体现关系：（人—技术）—世界。如：戴着的眼镜。

（Ⅱ）解释关系：人—（技术—世界）。如：看温度计。

（Ⅲ）他者关系：人—技术（世界）。如：操控机械。

（Ⅳ）背景关系：人—（技术／世界）。如：自动恒温器。

通过技术转移，工程技术可以从一种文化情境中转移到其他文化情境中，因此，毫无疑问，技术是一种文化工具，其意义的获得依赖于新文化中的实践情境。但是由于人的感知的多维性，可以随着格式塔的转变而发生改变，技术也如同内克尔立方体一样，具有这种多维稳定性的特征。因此，人工物的多维稳定性既可以在微观的感觉的层面上，也可以在宏观的文化层面上发现。

157

实际上，作为情境中的主要角色，技术人工物的多维稳定性限制了工程师在设计过程中发挥其意向性。"在技术人工物的历史上，工程师的意向性只起到了很小的作用，毕竟诺贝尔服务采矿和造福人类的意向性融入到了炸药的发明过程中。在技术的历史上，设计通常是会陷于多样性的使用背景中，但是这种使用的多样性在起初并不是预期的。更进一步说就是根本不存在事物自身，只有在情境中的事物，而情境是多样的。"② 当然，还有很多人在反思技术的过程中，寄希望于工程师对使用情境的意向性和预期，这种对情境的后现象学理解可以看成是对这种尝试的尖锐批判。那么，人工物的多维稳定性是否由使用者共同体的稳定使用来限定？瑞贝克认为，"事物的多维稳定性使得预计它作为中介的最终特性变得很困难，在设计过程中也是如此。但是，这种预计并不是不可能的。在有关设计的理论中，针对这种'稳定性'倾注了大量的心血，无论是针对个别人工物的惯常使用的通常研究，还是为了某个预期

① Don Ihde. *Bodies in Technology*. Minneapolis：University of Minnesota Press，2002. 81.

② Don Ihde. *Technology and the Lifeworld* . Bloomington and Indianapolis：Indiana University Press，1990. 69.

结果而对特定人工物的使用程度的研究。因此，这种多维稳定性不能妨碍设计者去尽量明确地预计出使用情境中人工物的中介角色。"①

在技术转移的过程中，始于国外的技术会给原住民带来多样的文化冲击：

（Ⅰ）传统文化：它们将被输入文化所淹没。

（Ⅱ）选择文化：它们采取妥协和适应，并对输入的技术进行选择，使之适应本地文化。

（Ⅲ）抵抗文化：它们能够抵制大多数的输入技术。

（Ⅳ）接受文化：它们接受输入技术中的新东西并因此改变自身以适应新的技术。

实际上，技术塑造个体的生活世界以致能够创造出新的文化，伊德称之为"多元复合文化"（Pluriculture），以区别于"多元并列文化"（Multiculture），指的是生活世界中多元文化共同起作用，而由于技术的进步，现代社会进入了一个多元复合文化的时代。不同生活世界之间的技术转移，必须要有文化上的准备，否则，技术就会保持原有的文化形态，转移就会遇到障碍，当技术被接受时，接受该技术的文化也会发生激烈的变化，因此，在技术的转移过程中，技术与文化是双向互动的，而非单向决定的。

即使我们不再说多元复合文化的观念，在现象学技术哲学的视角中，在某种程度上，甚至在分析哲学的视角中，关于情境的问题依然是跨文化的多样性研究。更准确地说，如果情境的技术哲学的核心问题是技术人工物的设计、制造和使用之间的可逆关系，并且，如果这种关系意味着不同文化之间能够进行对话，那么我们就必须检测在不同文化之间的这种比较、讨论和转译的可能性。

---

① Peter – Paul Verbeek. *What things do* . Pennsylvania：Pennsylvania State University，2005. 217.

5.2.3　语言学的视角

语言学的视角主要研究的是不同文化间的转译问题。与科学相比，技术中不同文化之间的可通约性是一个尖锐的问题。因为，在技术活动中，设计者和制造者面对的是比他们自身更大的共同体和文化范围，他们必须从中选出相关的情境要素并把它们整合成一个整体。问题是这些情境要素——特别是文化背景——塑造的技术和社会之间是否可以比较、讨论和转译？

库恩的范式理论可用来解释这一问题。"范式"在库恩的理论中并没有得到明确的定义性解释，只做出了一些描述性的阐释，如科学共同体共有的"传统"[①]、"模型或者模式"[②]、"理论或者方法上的信念"[③]、科学共同体"把握世界的共同理论框架"[④]，后来他又将"范式"称为"专业基体"[⑤]。从这些描述性的阐释中可以看出，范式"从心理上说是科学共同体共有的信念，从理论和方法上说是科学共同体共有的'模型'或者'框架'"[⑥]。由此可见，库恩用"范式"这个概念指称学科基体[⑦]，并由此来构建和支撑科学中的变革。

库恩的范式理论可以区分为两个不同的阶段。在早期，他认为范式之间是不可通约的，转译也是不可能的，持不同范式的人群如同生活在不同的世界里一样。后期的库恩逐渐转变了这种完全不可通约的思想，把不可通约性界定为不可翻译性[⑧]，交流和沟通还是

---

① 库恩：《科学革命的结构》，北京大学出版社 2003 年版，第 9 页。

② 同上书，第 21 页。

③ 同上书，第 15 页。

④ 同上书，第 6 页。

⑤ 库恩：《必要的张力》，北京大学出版社 2004 年版，第 310 页。

⑥ 夏基松：《现代西方哲学教程新编》，高等教育出版社 1998 年版，第 254 页。

⑦ 基体（matrix），英文中意为 place where something begins or develops，即发源地、基质、母体的意思，可见，基体具有某种东西得以产生和发展的全部潜力。

⑧ 金吾伦：《试谈库恩的"不可通约性"论点》，《自然辩证法通讯》1992 年第 14（2）期，第 11—18 页。

可能的。如果我们想把"范式"这个概念从科学哲学中借用到工程技术哲学中来，那么明确库恩从不可通约性到可通约性的转变就显得很重要，尤其是当我们把技术基体当成社会—技术基体时就更为重要，因为社会—技术基体能够将工程师共同体的知识、信念、能力、习惯、价值和道德与使用者、消费者等民众的知识、信念、能力、习惯、价值和道德汇聚成一个整体。

库恩认为不同语言之间的翻译是不可能的，因为"各种语言以不同的方式把世界说成各种样子，而且我们没有任何通路去接近一种中性的亚语言的转述工具"①。尽管如此，还是为交流和沟通留下了一条通道，那就是诠释（interpretation）。库恩将翻译与诠释做了区分，认为翻译是由懂得两种语言的人做的，面对 A 语言中的文本，在 B 语言中生成一个"等同文本"，"它们讲述基本同样的故事，表达基本同样的理念，或描述基本同样的情形"②。诠释的要求简单得多，诠释者只需要懂一种语言 B，但他会观察 A 语言人的行为，根据文本的情境发明假说，最终能够像 A 语言人那样成功地使用 A 语言，完成对 A 语言的诠释。因此对一种语言的诠释，其实就是学习这种新的语言。"借助成功的诠释，也就实现了跨语言的完全沟通。"③

但是，在工程技术过程中，社会因素也是可以被认知和具体化的，对于技术共同体来说，内在的社会基体并没有获得足够的关注。因此，问题就出现了：社会基体离内化为技术基体还有多远？两种基体之间怎么进行诠释？诠释能达到什么程度？为了讨论和协商，跨文化的工程技术活动必须进行跨文化的诠释，所以在技术人工物的设计和制造过程中，工程师必须专注于不同情境因素的集

---

① 库恩：《对批评的答复》，引自伊雷姆·拉卡托斯，艾兰·马斯格雷夫《批判与知识的增长》，华夏出版社 1987 年版，第 360 页。

② 王巍：《从语言的观点看相对主义——论"不可通约"的克服》，《自然辩证法通讯》2003 年第 25（3）期，第 42—49 页。

③ 同上。

成。但是这种跨文化诠释在一定层面上需要某种形式的文化适应，也就是说需要不同文化之间的相互交流和渗透，达到某种程度的同化；同时也需要工程师具备相应的生活经验，要对不同人群的思想、行为和风格相当敏感，要做多样化的理解和接纳。当然，这种跨文化的立场并不仅仅是一种使工程技术过程得以优化的方法，它还是一种有风险的训练，因为它能使工程师们在做跨文化的理解时形成相对主义的认识和体验。

为了解决不同文化基体之间不可通约的问题，跨文化诠释意味着某种形式的文化同化过程。实际上这种同化过程可以区分为三个不同的层次，比如某个西方人经历了印度文化，就可以有三种不同的层次：

层次 1（表面的）：这位西方人到印度旅行了一次。

层次 2（平衡的）：这位西方人与一个印度教领袖讨论了很多问题。

层次 3（彻底的）：这位西方人在印度生活了三十年，学习印度语并且成了一名印度教徒。

跨文化的诠释可以有这三种不同的层次，而不仅仅是学习一种新语言那样简单，它是要在另一个生活世界中经历另一种生活形式，通常会形成一种根本的文化冲击。换句话说，这也就意味着对另一种文化的背景或者习俗的转译、理解或者直觉调节着个体或者团体的日常思维、行为和品味。

可见，不同文化间的交流需要多相的诠释才可能实现。在个体的层面上，背景的转换是很重要的。在此我们需要识别背景转换是不同文化，如工程师和利益相关者之间交流和诠释的是结果还是条件。要想证明"是条件"是很困难的，"是结果"也并不总是充分的。实际上，不同文化之间的交流是有很多种情况的。工程师与利益相关者之间的理解、诠释和讨论是有限的，因为他们之间的背景不同，一个是专业的技术背景，另一个则是一般的社会背景。比如，在一个自然保护区内建设一条高速公路，总工程师那里形成了多个备选设计方案,其中大多数方案都可以拿来与利益相关者,如绿色环保组织进行讨论。尽管对于工程师来说,在自然保护区内修建高速公路是一个简单的决策,但对于反对者来说根本就不能接受在保护区内修建高速公路。这就是一种典型的文化基体冲突,而且没有妥协的可能性。我们姑且称工程师的文化基体为技术—发展基体,绿色环保组织的文化基体为社会—环境基体,在这两种基体之间进行理解、讨论和诠释的可能性在哪?工程师如何整合利益相关者提出的情境因素来修改他们的技术方案呢?

162

如果工程师们同意不在保护区内修建高速公路,但是修建这条高速公路又是他们的工作和愿望,在这种情况下,就需要改变他们的意向性和背景中的一个关键要素。他们大脑中将要改变的是什么因素呢?是理性的改变(自觉的层面),还是前理性的改变(意向性和前意向性层面)?理性的改变有如下可能:(1)环保组织的力量强大,掌握着很多的资源和支持者;(2)承受不起解决矛盾所要花费的时间经费;(3)如果强制建设,工作将无法展开;(4)希望这个失败不会影响我的职业生涯。前理性的改变也有多种可能:(1)对生态物种的保护与建设高速公路一样,意义重大;(2)工程师们不应忽视对生态物种的保护;(3)我很钦佩那些环保者,并且希望成为他们中的一员;(4)我对我的职业生涯一点也不在乎。

在这种情况下,似乎并不是整合一些情境要求,对技术方案做出修改,而更像是在情境要求的压力下决定是否放弃方案。因此,由于在前意向背景中并没有达成妥协,二者(工程师与其他利益相关者)之一必须放弃自己的一个基本意向态度。从这个事例中可以看出,不同团体之间的交流和诠释是有限的,不仅仅是一个认知问题,而且还是一个意志问题,一个意向和前意向问题。这也表明,技术人工物结构与功能属相的结合依赖于个体意向性的改变,而意向性的改变又以前意向背景的改变为前提;这种意向性和前意向性的改变又与技术对象和方案的意义、结构和功能相关。

尽管这三重视角有很多的不同,但它们都是理性的方法。

如果想尽力把一些情境因素纳入技术方案中，无论是工程师还是其他专业人员都将面临如下困境：

（1）表达—阐释：情境的表达就是情境的阐释吗？阐释的基础在哪？是文化背景、日常生活和思维，抑或其他？

（2）选择—关联：工程师对情境中相关因素的选取是中立的吗？所选情境因素的关联性仅仅是靠工程师的分析，还是靠通过审慎的参与机制，与使用者一起制定？

（3）翻译—适应：工程师需要把情境因素翻译成人工物的物理性质，这种翻译能到什么程度？设计过程适应情境的动态过程没有限度吗？

163

要使人工物的结构和功能融合在一起，就必须把它放在一定的情境中，使之具有意义。否则，我们致力于不同文化基体之间的理解、交流和诠释的努力就是毫无希望的。毕竟，人们不喜欢矛盾。

5.3　技术认识情境的实质

从上述分析中可以看出，情境是分析技术认识的必要条件。然而，在具体的技术认识过程中，技术与情境之间的界限是如此清楚吗？这是我们下一步要分析的问题。

长期以来，在技术哲学界和 STS 学界，一直都在讨论技术与其社会情境之间的关系和相互作用，主要问题是在技术与社会情境之间，究竟谁是主动的那个？也就是说究竟是技术的发展引发了社会的变革还是社会推动了技术的发展？对这个问题的不同回答形成了两种主要的观点：技术决定论，即技术是自主的，它决定社会的变革；与此相反，技术的社会建构论主张社会决定技术的发展路径。然而，在这两种观点之外，我们认为技术与社会情境之间没有占主导地位的驱动者，而是相互影响的，且影响的方向会因情况的不同而发生变化。所以，技术与社会情境之间是一种共同进步。虽然从字面上可以将技术与社会情境区分开，但是这种区分在分析具体的技术认识过程时，会出现很多的问题，并且社会情境因素也是技术的本质要素，所以，把所有的社会因素都看作是技术的外在情境是不合适的。

5.3.1 技术认识情境的再分析

在进一步分析技术与其情境之间的关系之前，我们首先要再次明确"技术"和"情境"这两个概念的含义。"技术"有很多种不同的用法，正如米切姆总结的，技术就有四种意义：技术作为人工物、技术作为过程、技术作为知识和技术作为意志①。我们选取作为人工物的技术和作为过程的技术来具体分析。一般来说，技术过程和技术人工物都有其情境，但需要注意的是，当我们下面要说到技术及其情境时，指的是个体技术过程和个体技术人工物的情境，而非整体意义上的技术过程和技术人工物的情境。

5.3.1.1 作为过程的技术与情境

从某种意义上说，作为过程的技术被广泛地用于影响技术发展的所有过程，如科学过程、社会过程、经济过程以及文化过程等等，但它更多的是用于影响技术人工物的创造、生产、传播、使用、维护和销毁等这些特殊的过程。从界定上来说，作为过程的技术包括社会过程，比如技术人工物的传播过程，从某种程度上来说就是接受和使用它们的社会过程。但是，仅从这个意义上来讨论技术与其社会情境之间的关系是不够的，我们要具体分析一种新的技术人工物或者一个新的技术程序的发展过程。从这个层面上看，作为过程的技术是否涉及社会过程则不是那么明显，现代技术发展更多的是由科学知识的发展和追求有效性来驱动的。

这种狭义的技术过程实际就是指技术实践过程，尤其是指工程技术研究、设计、发展、使用、维护和报废过程，那么技术过程与

① Carl Mitcham. *Thinking Through Technology*：*The Path between Engineering and Philosophy*. Chicago：The University of Chicago Press，1994. 160.

其情境之间的关系就被分解为技术人工物的各个阶段与其所处的社会情境之间的关系。很明显，这种分解使得问题复杂化了，因为不同的技术阶段就意味着不同的技术实践、不同的社会情境和利益相关者，从而使得技术过程与其社会情境之间的相互作用展现出不同的形式，其中既有技术的发展推动社会的变革，也有二者的相互作用，还是社会对技术的塑造。

粗略地说，技术的发展会在两极之间发生，一极是技术的可行性；另一极是社会的适宜性，两极之间的张力就是技术过程的驱动力。克罗斯认为设计阶段的决策决定了技术人工物的最终形式，所以，技术发展的决定性因素是设计，而限制设计的因素有两类：一是源于外界的情境限制；二是源于内部的技术限制。情境的限制因素范围广泛，一些源于人工物的基本功能，一些则与人工物的安全和成本相关，而另一些则与可获得的资源相关；技术限制因素源于自然的可能性和既定条件下的技术可行性①。这种解释依然有其问题，因为它基于这样的假设：在工程设计过程中，决定技术人工物发展的因素可以被明显地区分为情境因素和技术因素，也就是外在因素和内在因素。但是技术的可能性将在很大程度上依赖于社会因素，比如在一个设计方案中，投资于此项技术研究的决策就不仅仅是一个技术问题。所以，如果要做出这种明确区分的话，技术作为过程，不仅要与发生在工程技术实践之外的社会过程相分离，也得与发生在工程技术实践之内的社会过程相分离。但是工程技术设计实践本身就是一种社会实践，不同参与者之间相互妥协的社会过程会明显地影响到设计的结果。所以，社会过程是作为技术过程所特有的，任何作为过程的技术都包括社会因素。

还可以从另一个角度来理解这一点，我们已经知道，作为过程

---

① Krose, P. *Technical and contextual constraints in design: an essay on determinants of technological change*. Perrin, J and Vinck, D. *The role of design in the shaping of technology*. European Commission, 1996. COST A4, Vol. 5.

的技术与发生在工程技术实践内的社会过程密切相关，那作为过程的技术是否可以与更大的社会情境区分开？也就是说工程技术实践是否可以与社会情境区分开？显然，这是不可能的。因为实践自身通常就被解释为社会过程，社会过程是实践的本质。尽管我们分析工程技术实践时，可以分析其内在方面和外在方面，但它们并不与工程技术实践的技术方面和社会方面相对应。如果我们把技术看作一个过程的话，社会因素就是它的内在方面。

虽然作为过程的技术在本质上是一个社会过程，但是把技术与其广阔的情境做出区分依然是有意义的，我们可以将技术的发展看作是一个互动系统，情境则是这个系统的环境，其特征由一系列影响技术发展的相关因素所遵循的技术机制确定。基于此，我们可以区分三种类型的技术变迁过程：生产过程、创新过程和改造过程。在生产过程中，环境设定技术过程的限制条件，最终的产物不会对之前的互动系统，乃至环境做出反馈，结果就是生产出一个已经设计好的技术人工物；在创新过程中，与已经设计好的人工物有关的经验只对互动系统做出反馈，不断地促成人工物的改进和创新，而对环境不造成影响；在改造过程中，技术的变迁会对互动系统和环境都做出反馈，也就是说，环境不仅提供了技术变迁的限制条件，而且成为了技术变迁的动力。

在技术的改造过程中，作为社会过程的技术与其情境之间的边界并不明确。改造过程以环境对技术发展成果的反应为依据，例如一项技术表现出比预期的结果要危险得多（如包含着有毒物质），人们就会期望环境做出反应，重新设定其限制条件，比如制定新的法规等，也就是说，最初本属于环境的因素最终成为互动系统的一部分。如果技术过程与其情境之间的界限发生改变，技术也会随之变迁；而技术的变迁也可能诱发新的外界因素，比如为了设计的成功而需要新的知识，但是这种新的知识又是当下所不具备的。

如上所述，我们可以得出如下结论：（1）工程技术实践的内部和外部因素与其技术和社会因素并不对应。（2）尽管作为过程的技

术在本质上也是社会过程，但与其情境还是有区别的。(3)情境可
以明确技术变迁的限制条件，但并不参与技术的变迁。(4)在一些
特殊情况下，情境也可能成为技术变迁的动力，从而导致技术与情
境之间界限的改变。

5.3.1.2　作为产品的技术与情境

作为产品的技术也就是作为人工集合的技术，在这种理解上，
技术是否可以与其情境区分开呢？乍一看，这似乎不成问题。比如
一个指甲剪，只考虑其自身，而不考虑人们用它做什么，以及它是
怎么影响人们的行为的，也不考虑它是怎么融入社会情境并与之互
动的，只分析这个指甲剪的物理结构，它的整体功能和各部分的功
能，以及它是如何工作的，而不纳入任何的社会情境因素，甚至我
们可以在观念上把指甲剪与其物理环境分开，假定它是一个封闭的
物理系统，与其环境之间没有相互作用。这样来看，作为产品的技
术将独立于任何特定情境，尤其是社会情境。从这点上看，对作为
产品的技术而言，可以从观念上把技术与任何社会情境分离开。

但是仔细审视上述思维线索，就会发现它是站不住脚的，原因
在于：无论是在工程技术实践情境中，还是技术人工物的使用情境
中，我们都需要把技术人工物的物理结构和实践功能联系起来，它
表现出来的是双重本质[①]。如果所提到的物体，比如指甲剪是一个
自然对象，那么确实可以在观念上把它从其物理环境或者社会环境
中分离出来。但是，它作为一个自然物体，就不再是一个指甲剪，
或者从更一般的意义上说，他不再是一个技术人工物，因为它不具
备技术人工物的功能。既然我们研究的是技术人工物，那就必须考
虑其功能。一旦考虑技术人工物的功能，我们就会发现作为产品的
技术不可能不包含某些社会因素，并且一个物理对象的情境与把这
个物理对象看作是技术人工物时的情境并不一样。因此，"不能把

---

① Peter Krose, Anthonie Meijers. *The dual nature of technical artifacts*. Studies in History and Philosophy of Science, 2006, (37): 1—4.

167

技术人工物与其情境分开的原因就在于技术人工物的双重属性"①。

技术人工物放入功能一方面与它的物理特性有关；一方面与人的意向有关。也就是说，技术人工物的功能不能仅仅建立在其物理特性的基础上，否则它会带来严重的失灵问题；当然，也不能仅仅建立在人的意向性的基础上，因为一个技术人工物不可能实现任意的功能。因此，技术功能就具有其物理维度，也具有其意向性维度，这也意味着技术人工物具有其双重属性。技术人工物的双重属性意味着不能认为可以把技术人工物从一种具有意向性的人类行为的情境中孤立出来。由于这种具有意向性的人类行为的本质是社会性的，而它又是技术功能的基础，所以，技术人工物就不可能是没有纳入社会现象的技术人工物，这一点也表明并非所有的社会现象都可以被当作是技术人工物的情境。

因此，不管技术被理解为一个过程还是产品，我们都可以得出如下结论：在技术与其社会情境之间划出明确的界限是不可能的。原因在于，无论技术是作为过程还是产品，其本质都涉及社会现象，社会情境内在于技术之中。这也就意味着，认为技术与社会现象之间存在着一个严格界限的观点失去了意义。但是这一观点也不能绝对化，虽然有些社会现象无疑是技术性的，或者包括技术，因此不能认为它们是技术的情境，但这并不意味着所有的社会现象都内在于具体的技术之中。所以，我们的结论是：技术与其社会情境之间的界限是不明晰的，把所有的社会现象看作是技术的情境是不可能的，具体的技术必定内在地融入了一定的社会现象，或者某些社会现象本身就是技术。

5.3.2　情境与技术—社会系统

既然并非所有的社会因素都被归为技术的情境，那么如何明确

---

① Krose, Ibo van de Poel. *Problematizing the Notion of Social Context of Technology*. 转引自 Steen Hyldgaard Christensen, Bernard Delahousse, Martin Meganck. *Engineering in context*. Denmark：Academica, 2009. 70.

技术与其情境之间的关系呢？我们需要做出进一步的分析。首先看这样一个例子，十字路口的交通信号灯，其功能是规范交通秩序，而要实现其功能，就不能仅仅依赖于交通信号灯的技术硬件，还需要依赖于行人的行为。只有当这些行人能够遵守一定的规则，比如看到红灯时停下来，那么交通信号灯在执行其功能时就能与行人的行为很好地协调起来。也即是说，只有当交通信号灯技术硬件的功能正常，"社会软件"的功能也正常，并且二者很好地结合起来之后，交通信号灯才能实现其功能。对任何的技术人工物来说，操作指南都可以被看作是其软件，交通信号灯的特别之处就在于其"指南"包括一定的社会规则（甚至有法律的强制性）。因此，如果我们把交通信号灯的技术硬件与成功使用这些硬件的规则看作是一个系统的话，那么交通信号灯实际上就是一个技术—社会系统，由技术要素和社会要素共同构成的混合系统。

169

我们的生活中到处都是这样的技术—社会系统，从交通信号灯到航空运输系统，再到供电系统等等，它们都是由技术物体和社会物体，如法律、组织以及人类结合起来共同构成的。技术—社会系统要执行其功能，除了必要的技术硬件之外，适当的社会条件也是必需的，对于整个系统的功能来说，技术条件和社会条件还必须相匹配。

技术—社会系统自身通常也嵌在一个更大的社会情境中，并与之进行互动，我们这样说通常也不会造成问题，一旦我们深入技术—社会系统内部，希望将其技术和社会两个子系统区分开时，问题就来了。我们可以很清楚地将这两个子系统区分开吗？如果可以，我们怎么才能清楚地表述出它们之间的互动？社会子系统是作为技术子系统的社会情境还是以其他某种方式？到目前为止，这些问题都不能得到一个清楚的答案。

与电脑进行类比，或许对明确上述问题有帮助。当然，电脑的硬件可以被认为是独立于安装于其上的特定软件的，但是电脑作为一块硬件，我们可以认为软件是它的情境吗？或者相反，我们可以认为硬件是软件的情境吗？很明显，硬件和软件是电脑作为电脑所不能缺少的，没有软件的硬件是不能执行电脑的功能的，同样，没有硬件的软件也不能执行电脑的功能，硬件和软件共同作用，电脑才能执行一个完整的功能。与此相似，单独的技术系统和社会系统都不是完整的技术人工物，只有将他们结合在一起，技术—社会系统才能执行一个完整的功能。所以，既不能把社会子系统看作是技术子系统的情境，也不能把技术子系统与社会子系统之间的互动类比为技术与其情境之间的互动。

170

　　通过上述分析，我们认为，如果把技术看作是过程或者产品，那么技术并不能从所有的社会情境中分离出来，因为这两种意义上的技术本质都是社会性的；对于技术—社会系统来说，把技术与其社会情境做出区分也是有问题的。不过这种结论也是有条件的，我们也认为分析技术与其情境之间的关系是有意义的，比如研究文化规范和价值的改变对技术的影响，因为并非所有的社会现象都内在于技术，它们也可以成为技术的情境的一部分。

第6章 结语:走进技术认识论

技术哲学诞生100多年来,发展到今天已日渐成熟和完善,但有关技术哲学的种种争论依然广泛地存在着,显示出技术哲学还没有成为一门成熟的学科。

自米切姆的《通过技术思考》一书出版以来,技术哲学的研究基本上就被分为工程的技术哲学和人文的技术哲学两个传统。由于这两种传统的不同研究旨趣,引发了技术哲学内部的多种争论。工程的技术哲学将技术的思想和行为作为人类思想和行为的典范,用技术语言来理解更大范围的人类世界;人文的技术哲学认为技术思想和行为只是人类思想和行为的一个维度,希望在更大的范围内对技术进行限制。"正是由于这种争论,导致技术哲学研究既强大又无能。"① 如何从这种旷日持久的争论中解脱出来,就需要为技术哲学寻找一个经验基础,即把关于技术及其效果的哲学分析建立在对技术的充分的经验描述之上,通过详细的案例研究来审视技术,揭示它们本身所特有的哲学问题。为此,探索技术认识论的研究就显得尤为有意义。然而,当前国内外技术认识论研究却有着众多问题。

---

① Carl Mitcham. *Notes Toward a Philosophy of META – Technology*. Techné, 1995, 1 (1—2).

6.1 当前技术认识论研究的问题

6.1.1 技术认识论两种传统的分立

人文传统对技术的批判性认识可以追溯到 18 世纪末 19 世纪初西欧掀起的浪漫主义思潮，反对启蒙运动对科学技术进步的迷信。因为启蒙运动认为科学和技术的进步通过带来财富和美德的一体化而自动地促进社会的进步，浪漫主义则认为这种观点是虚妄的，不仅"我们的灵魂正是随着我们的科学和我们的艺术之臻于完美而越发腐败的"[①]，而且"科学与艺术都是从我们的罪恶诞生的"[②]，类似的批判伴随着技术哲学人文传统对技术的认识。如技术哲学早期的芒福德、海德格尔、埃吕尔以及早期法兰克福学派对现代技术的批判。海德格尔认为现代技术的本质为"座架"[③]，"现代技术的本质使得人类开启了这样一条展现之路：通过这种展现，任何的实在之物，无论其明显与否，都变成了持存物"[④]，不仅遮蔽了事物的物性，也遮蔽了存在物的存在，最终也遮蔽了技术自身。

法兰克福学派被拉普视为技术哲学研究的四个维度之一[⑤]。霍克海默和阿多诺认为随着科学技术的发展而发展起来的"文化工业"剥夺了个人的自由选择，具有操纵意识的作用；马尔库塞更认为技术理性本身就具有意识形态的作用，由于技术理性拒斥不同的意见，社会成为单向度的社会，人成为"单向度的人"[⑥]；哈贝

---

① 卢梭：《论科学与艺术》，商务印书馆 1963 年版，第 11 页。

② 同上书，第 21 页。

③ Heidegger. *The Question Concerning Technology and Other Essays.* New York & London: Garland Publishing INC, 1977. 20.

④ Ibid., p. 24.

⑤ 拉普：《技术哲学导论》，辽宁科学技术出版社 1986 年版，第 3 页。

⑥ 马尔库塞：《单向度的人》，上海译文出版社 1989 年版，第 26 页。

马斯认为技术理性把自身与权力等同起来，放弃了批判的力量①；晚期代表芬伯格则不满意前辈们对技术"或接受或放弃"的简单态度，认为要改造技术，必须首先改造技术理性（即"技术编码"），使技术编码成为技术因素和社会因素的综合体，"技术编码结合了工具理性和价值理性两种类型的因素"②。

温纳、费雷和米切姆等人也认为人类的理性应该是多样化的，所以要限制技术的工具理性，恢复技术的价值理性。"技术一直是事实与价值、知识与目的有效结合的关节点。……可以说，价值和知识是每件人工产品的基本成分。"③

可见，人文传统对技术的认识由最初的否定批判发展到接受并积极寻求解决问题的途径，尽管还是将技术当作一个整体来认识，使得对现代技术的反思批判性有余，而建设性不足，但是对现代技术并没有采取完全否定的态度，而是希望在现代的技术环境中，寻求如何彰显人性的途径，这一诉求也逐渐为工程传统的技术认识论研究者所认可和接受。

从技术哲学诞生起，工程的技术哲学就对技术自身展开深入的分析，正如米切姆所说，"可以被称为'工程的技术哲学'的东西明显具有技术哲学孪生子中长子的特点"④。在《技术哲学纲要》中，卡普提出了他的"器官投影说"，认为技术器物是对人体器官的模拟、强化和延伸。亚里士多德也有类似的观点，"手似乎不是一种工具，而是多种工具，是作为工具之工具"⑤。恩格迈尔认为技术不仅是实现人类某种愿望的知识、能力和手段，而且是人类愿望得以实现的可能性和现实性，并主张"专

---

① 哈贝马斯：《现代性的哲学话语》，译林出版社 2004 年版，第 362 页。

② Andrew Feenberg. *Transforming Technology* . Second Edition of Critical Theory of Technology. Oxford：Oxford University Press，2002. 49.

③ 费雷：《走向后现代科学与技术》，见格里芬编《后现代精神》，中央编译出版社 2005 年版，第 200 页。

④ 卡尔·米切姆：《通过技术思考》，辽宁人民出版社 2008 年版，第 25 页。

⑤ 《亚里士多德全集》第 4 卷，中国人民大学出版社 1994 年版，第 131 页。

173

家治国"。德绍尔将康德的"物自体"定位于现代技术中，只有在技术创造行为中才能表现出来，因为技术发明包含了"源自思想的真实存在"，是"源自本质的存在"的产生，是超验物的体现。

当代工程传统的技术哲学开始重视技术的方法论、认识论研究，具体分析技术的起源、发展动力、活动范围和现代技术的动态特征，以及技术知识等各种问题。拉普认为，从工程学的角度讲，技术哲学必须关注技术的具体过程，解释技术变化的动力，研究干涉技术决定论的方法，否则技术的伦理公设就不能发挥实际的作用；从哲学的角度讲，技术哲学必须与哲学传统结合，不能离开哲学的传统而独立研究技术哲学。邦格认识技术就是应用科学，"在这里，我将把技术和应用科学当作同义词来使用"①。文森蒂认为技术知识包括运行原理和常规型构②。贝尔德认为工具也是客观知识的一种表达方式，是世界的组成部分，"理论家都是'概念的铁匠'，在给定的命题材料的基础上，可以连接，并置，概括和获得新的命题材料"，"'工具家'是'功能的铁匠'，在给定的功能基础上，发展，更换，扩大和连接新的功能"③。所以，"凡是理论表达知识的地方，仪器也以物质的形式表达知识"④。皮特认为技术既具有社会向度，又具有实践向度，所以，技术是"人类在劳作"⑤，技术知识是"讲究实用的知识，是设计、建造、运转人工

---

① 马里奥·邦格：《作为应用科学的技术》，转引自邹珊刚主编《技术与技术哲学》，知识出版社 1987 年版，第 47 页。

② 文森蒂：《工程师知道什么，以及他们是怎么知道的》，见张华夏、张志林《技术解释研究》，科学出版社 2005 年版，第 118—119 页。

③ Davis Baird. *Encapsulating Knowledge*：*The Direct Reading Spectrometer*. Techné，1998，3（3）.

④ Davis Baird. *Scientific Instrument Making*，*Epistemology*，*and The Conflict Between Gift and Commodity Economies*. Techné，1997，2（3—4）.

⑤ Joseph C. Pitt. *Thinking about Technology*：*Foundations of the Philosophy of Technology*. New York：Seven Bridges Press，2000. 11.

物的知识，具有解决实际问题的特征"①。克罗斯等认为技术人工物具有二元属性，功能与物质载体共同构成技术人工物②。技术知识也可区分为结构知识和功能知识，虽然二者之间并不具有因果对应关系，但它们是相互依随的，可以在因果关系和基于此因果关系之上的行动的实用主义规则的基础上联结起来③。

工程传统对当代技术的认识基于工程技术的内部考察，以对工程技术知识的经验分析为基础，强调了技术知识与科学知识的不同，突出了技术知识的实践特性，但没注意到技术认识的动态过程，而是"将认识仅视为信息过程而没有把技术认识放到整个技术、自然、社会的系统中去全面、完整地考察"④。

175

6.1.2 国内技术认识论研究的旨趣与问题

国内学界自 20 世纪 50 年代开始就强调工程技术哲学的实践基础⑤，强调技术与科学的区别，在此基础上，当下国内技术认识论的研究集中于以下几个方面。

（1）技术知识的独特结构和类型。张斌在《技术知识论》一书中对技术知识作出了界定，"技术知识是关于依据对自然物质客体的一定程度的认识，借助于一定的物质手段，有效地改造、变革自然物质客体，使之成为能够满足人的需要的物质形式的知识"⑥，并对技术知识的形成逻辑和逻辑构成进行了分析。其他学者，如潘

① 张华夏、张志林：《技术解释研究》，科学出版社 2005 年版，第 119 页。

② Peter Kroes. *Technological Explanations：The Relation Between Structure and Function of Technological Objects* . Techné，1998，3（3）.

③ 马会端、陈凡：《试论技术客体的二元性》，《东北大学学报》（社会科学版）2003 年第 5（2）期，第 82—84 页。

④ 陈其荣：《当代科学技术哲学导论》，复旦大学出版社 2006 年版，第 388 页。

⑤ 谢咏梅：《中国技术哲学的实践传统及经验转向的中国语境》，《自然辩证法研究》2010 年第 26（11）期，第 63—69 页。

⑥ 张斌：《技术知识论》，中国人民大学出版社 1994 年版，第 24 页。

天群①、王大洲②、高亮华③等也对技术知识的性质和类型进行了分析和阐述。

（2）技术认知的动力和模式。王前认为在由科学向技术转化的过程中，许多其他方面的因素逐渐介入其中，造成了技术的认知特点不同于科学，技术知识具有意会性、整合性和程序性的特征④。肖峰则借助于社会建构论的思想，认为技术认识过程中必定贯穿着社会性的建构活动，将技术认识过程中的观念活动分为三个阶段：技术任务的提出、技术设计的进行、技术后果的评价，而这一系列认识活动都是由社会触发、推进和约束的，与特定的社会环境相关⑤。

（3）技术认识论的理论建设。随着技术哲学研究的深入，技术认识论的研究也逐步获得重视。陈文化就强调技术哲学应该高度关注技术认识论及其模式问题以及技术认识论研究的紧迫性⑥⑦。刘则渊认为技术认识论和方法论研究主要集中于三类问题：①技术知识的本质、特性和结构等；②技术的认识结构和方法论程序等；③技术和技术知识的发展模式、机制与社会政策等⑧。复旦大学陈

---

① 潘天群：《技术知识论》，《科学技术与辩证法》1999 年第 16（6）期，第 32—36 页。

② 王大洲：《论技术知识的难言性》，《科学技术与辩证法》2001 年第 18（1）期，第 42—45 页。

③ 高亮华：《论技术知识及其特点》2010 年 9 月 10 日［2012－04－10］. 北京社科规划网（http：//www. bjpopss. gov. cn/bjpssweb/n28204c58. aspx. ）。

④ 王前：《技术产生与发展过程认知特点》，《自然辩证法研究》2003 年第 19（2）期，第 92—93 页。

⑤ 肖峰：《技术认识过程的社会建构》，《自然辩证法研究》2003 年第 19（2）期，第 90—92 页。

⑥ 陈文化等：《关于技术哲学研究的再思考》，《哲学研究》2001 年第 8 期，第 60—66 页。

⑦ 陈文化等：《技术哲学研究的"认识论转向"》，《自然辩证法研究》2003 年第 19（2）期，第 87 页。

⑧ 刘则渊、王飞：《中国技术论研究二十年（1982—2002）》，刘则渊，王续琨编：《工程·技术·哲学——2002 年技术哲学研究年鉴》，大连理工大学出版社 2002 年版，第 90—100 页。

永红博士在《技术认识论探究》（2007）中，从技术哲学的经验转向着手，分析了技术认识的实践本性，认为技术是实践性的知识体系，在此基础上分析了技术知识和技术认识的范畴和模式①。

　　国内的技术认识论研究虽然取得了一定的成果，但是存在的问题也不容忽视。(1)虽然强调经验转向，要打开技术黑箱，但研究主体受专业和知识背景的限制，对工程技术实践的认识有限，影响了经验转向的深入和技术黑箱的打开。(2)创造性成果少，虽说与国内外技术哲学研究的诞生时间相差并不是很远，但是在原创成果上的差距依然明显。(3)研究水平不高，经历了从分析技术认识与科学认识的区别和联系到强调技术认识论研究的重要性的阶段，但对建立技术认识论的理论体系有重要影响的学术成果较少。

6.2　技术认识的理论内涵

　　技术哲学的"经验转向"要求把关于技术及其效果的哲学分析建立在对技术的充分的经验描述之上，经验转向的唯一目的就是在技术的现实实践中为答案提供一个稳固的经验基础，通过详细的经验的案例研究来审视技术，揭示它们本身所特有的哲学问题。这也要求解读技术认识不能仅仅对技术知识进行逻辑的分析，而需要将其放在具体的技术活动过程中进行研究。

6.2.1　技术认识的本质

　　要明确技术认识，首先要明确技术。何为技术？正如拉普所说，"初看起来，'技术'一词的含义似乎十分明白，因为到处都可以看到技术装置、器械和工艺，人们已承认它们是'第二自然'。不过，倘若要给技术概念下一个明确的定义，人们马上就会陷于困

---

① 　陈永红：《技术认识论探究》，复旦大学哲学学院 2007 年版。

境"①。尽管技术有多种不同的存在形态，但要明确技术的本质，必须明确技术的范畴和技术的目的。既然技术的目的是改造世界，技术过程是人类的意志向世界转移的过程，因此，技术的本质是"人类利用自然、改造自然的劳动过程中所掌握的各种活动方式的总和"②。这个界定把技术视为一个动态的过程，反映了技术是人与自然之间的中介的基本立场，也把技术与科学、宗教、艺术等其他活动方式分隔开来。

这里有两点需要把握：一是把技术理解为动态的实在的认知和实践活动；二是把技术理解为动态认知活动和实践的结果——知识体系和人工物。也就是说，如果把技术比作一个集合的话，技术认识就是这个集合中的一个子集。据此，技术认识实际上涉及三重含义：（1）是指运用一定的工具和技术手段所进行的认识活动；（2）是作为认识活动的技术，或通过技术活动来认识，此处的"技术"指明了认识活动的特征；（3）是指认识所得到的成果是技术性的，如技术规则。运用一定的技术手段、工具进行认识活动，是技术认识的一个基本环节，如技术试验，而工具、仪器变革对象，在受控条件下进行实验，也是最为普遍的认识手段，我们总是在参与到对象中和通过变革对象来认识世界的。然而这只是说明技术和工具的运用在人类认识中的基础性，而非技术认识所特有的。（2）和（3）才是狭义的技术知识形成的基本途径，它们构成了技术认识与非技术认识的区别。

与科学认识相比，技术认识不仅同样具有科学认识的真理性、精确性、预见性和综合性，还具有自己的明确特征，即实践性。技术认识是人类对改造自然、创造人工自然的实践活动及其结果的本质和规律的认识，可见技术认识是对对象的操作、控制和变换的认识，"是工程师在解决问题过程中形成的具有特殊类

---

① 拉普：《技术哲学导论》，辽宁科学技术出版社 1986 年版，第 20 页。
② 陈凡、张明国：《解析技术》，福建人民出版社 2002 年版，第 4 页。

别的知识"①。所以，技术认识是具体实践的产物，人类在改造自然的实践中创造了技术认识，并随着人工自然的创造而深化。对技术理论的准确理解和解释不能离开技术实践活动，对技术实践活动的考察也离不开技术知识。技术认识是研究技术认识论的出发点，无论是要阐释技术认识的主客观辩证统一问题，还是要研究技术认识的真理性问题、精确性问题以及综合性问题，都需要准确地分析技术认识的双重含义。

6.2.2　技术认识的动态阶段

动态的技术过程包含着复杂的步骤和程序，根据技术认识活动的一般过程，我们将其分为三个阶段：技术问题、技术设计和技术使用。技术问题是技术认识的起点和主线，引导后续技术认识活动的展开。技术设计是根据已有的条件，通过创造性的劳动为技术问题的解决提供中介，是技术认识的形象化。技术使用是运用技术中介设计解决技术问题，在这个过程中，技术认识不断地背景化。

为什么技术问题是技术认识的起点？因为"科学技术研究与人类技术行动都是从问题开始的，即从一种不确定状态、有问题的状态开始。在这种状态下人们有某种需要满足，有某种目标要寻求，并思考如何去满足某种需要和追求到某种目标。"② 我们所讨论的技术问题并非通常所认为的技术负效应③，而是指技术过程中所要解决的问题，是由多方面因素构成的一个矛盾，"技术问题的形成、分析和解决，是贯穿技术开发过程的中心线索。技术问题构成复杂，不仅包含已行与未行的实践矛盾，而且还关涉已知与未知

①　约瑟夫·皮特：《技术思考：技术哲学的基础》，辽宁人民出版社 2008 年版，第 8 页。

②　张华夏、张志林：《技术解释研究》，科学出版社 2005 年版，第 40 页。

③　张成岗：《现代技术问题：从边缘到中心》，《科学技术与辩证法》2003 年第 20
（6）期，第 37—40 页。

的认识矛盾。"①

　　技术设计主要是解决技术问题的活动。技术问题的分析和明确过程，也是为解决技术问题提供方向和指引的过程，技术设计就是把这种方向和指引具体化、细致化和形象化的过程。技术设计的本质是工程师运用设计理论和方法，在创制和改造技术人工物的过程中，把思维中的技术构思规范化、定量化，并把它们以标准的图纸或说明书的形式展现出来的创造性活动。从其外延上看，我们所讨论的技术设计包括了工程设计、工业设计和产品设计等设计活动。克罗斯认为，技术设计过程就是"一种解决问题的过程，在这个过程中一种功能被翻译或转换成一种结构，它通常是以收集关于所渴望的功能的知识为开始，以一个设计为结束，这个设计则是一个关于可实现所苛求功能的物理客体、系统或过程的蓝图"②。可见，技术设计具有很强的实践性、创造性、社会性和系统性。

　　技术设计方案是解决技术问题方式的形象化，经过生产制造，形象化的解题方式得以实体化，实体化的解题方式进入使用环节，就可以切实的解决技术问题。所以，使用是技术的现实存在方式。"生物学上的缺陷可以说是人的特点，在自然界面前人为了保存自己总要采取一定的技术。"③ 因此，技术使用是人类的存在方式，"技术不仅仅是一种工具，而是人造物与使用者的一个共生体"④。在技术使用的过程中，技术认识不断地内化和背景化，只有在使用出现障碍时，它才会再次显现出来。

---

① 王伯鲁：《技术困境及其超越问题探析》，《自然辩证法研究》2010 年第 26 (2) 期，第 35—40 页。

② Peter Kroes. *Technical Functions as Dispositions: A Critical Assessment.* Techné, 2001, 5 (3).

③ 拉普：《技术哲学导论》，辽宁科学技术出版社 1986 年版，第 22 页。

④ 陈凡、曹继东：《现象学视野中的技术——伊代技术现象学评析》，《自然辩证法研究》2004 年第 5 期，第 57 页。

6.2.3　技术知识的本质与结构

技术知识与科学知识之间有着密切的联系，但毕竟是属于两种不同的知识形式，技术知识有其独特性。一般来说，技术知识是人类发明、设计、制造、使用和维护技术人工物过程中所用到的知识、方法和技能体系。从人与自然关系的角度看，技术知识是指导人类改造、变革天然自然，使之成为人工自然的知识体系。因此，技术知识所涉及的因素比科学知识要复杂很多。现代技术知识不仅包括科学知识，还包括"（1）由主体的需要而引发的关于技术目的的知识，它是通过主体的产品设计活动而产生的知识，包括技术活动的目标、理想客体等内容；（2）人们所要变革的对象及其结构、性质的知识，变革对象所使用的工具手段的知识，选择具备什么素质的技术操作主体的知识；（3）实现技术目的所要运用的原理、经验规则、工艺方法、操作规程以及工程技术理论的知识等。"①

技术知识的实践性使得它能够把那些看似矛盾的性质纳入进来，能够同时具有两种不同的特性，（1）实践性与真理性。技术知识是为了改变，为了成功地改变，它必须具有真理，把握客观事物的属性和规律，但这种真理性只是实践性的基础和前提，并不是技术知识所追求的最终目标，技术知识的最终目标是引导变革自然的实践行为。（2）普遍性与情境性。具体的技术活动处于特定情境之中，情境是工程技术活动的内在要素。普遍的技术知识必须融入具体的情境中，并随情境的变化做出相应的调整才是有效的技术知识。不仅如此，技术人工物也处于情境中，承载着不同情境的技术知识。"任何客体都不会作为一个孤立的客体而被人们察觉，人们从一开始就会把它当作'一个处于其视界之中的客体'来察觉，

---

① 陈凡、王桂山：《从认识论看科学理性与技术理性的划界》，《哲学研究》2006年第 3 期，第 94—100 页。

这个视界是由类型的熟悉性和预先熟知构成的。"① （3）潜在性与现实性。技术活动不是在自然界中发现现成的东西，而是创造自然界原来没有的东西。技术知识蕴含这种创造的可能性，其应用就是实现这种可能性，获得其具体规定，由潜在性转变为现实性。（4）难言性与明言性。难言知识本质上是一种理解力，是对经验的领会、把握和重组。相对于明言知识，难言知识具有优先性。明言知识是否真正获得，取决于我们对其的理解，而理解活动本质上是一个隐性知识的过程。因此，对于我们所拥有的难言知识，波兰尼说："我们总是隐性地知道，我们认为我们的明言知识是真的"②。

182

6.2.4　技术认识的情境性

如前所述，具体的工程技术活动和技术知识都处于一定的情境中。何为情境？我们认为技术认识中的情境是内在于技术活动、技术知识和技术人工物的外在关联域。尽管情境所包含的内容十分广泛，既有客观的时空等因素，也有主观的社会历史文化传统和相关人员的社会角色、文化背景、气质个性等因素，但它们有一个共同的特点，都与具体的工程技术相"关联"，"技术不是外在于它的情境，情境是它的自身的一部分"③。

情境对工程技术的影响不是边缘性的，而是决定性。具体的工程技术即是情境中的工程技术，情境是工程技术的存在方式，工程技术无法脱离其情境而存在。但是情境又是动态的、开放的。技术是人类存在的方式之一，只要人类存在，它就会被无限地使用，情境就是这种无限使用过程中的具体主客观因素，因此情境也会随着这种无限使用而有着无限的开放性。不过，对于某个具体的工程技术活动来说，它一旦出现，边界也随之确定，具体的技术活动只有

---

① 许茨：《社会实在问题》，华夏出版社 2001 年版，第 15 页。

② M. Polanyi. *Study of Man*. Chicago：The University of Chicago Press，1958.12.

③ 朱春艳、陈凡：《语境论与技术哲学发展的当代特征》，《科学技术哲学研究》2011 年第 28 （2）：21—25 页。

在这种相对封闭的情境中才能完成。

情境与技术之间是否截然二分呢？显然不是这样的。对于具体的技术来说，除了"硬件"以外，还必须具有相应的"软件"，比如交通红绿灯，除了硬件以外，还需要相应的社会规则，它才能执行交通红绿灯的功能。因此，技术自身就是社会性，融入了相关的社会因素，在技术与社会情境之间很难确定明显的界线。但是这并不意味着分析技术与其情境之间的关系是有没有意义的，因为并非所有的社会现象都内在于技术，它们也可以成为技术的情境的一部分，比如研究文化规范和价值的改变对技术的影响就很有意义。

6.3　技术认识论研究的意义

6.3.1　弥合人文传统与工程传统的分立

技术哲学中人文传统与工程传统的分立，有其必然性，一方面源于工程师更多埋头于技术实践活动，对哲学毫无兴趣，使得工程师们很容易高估技术的适用范围；另一方面也源于哲学家们缺乏基本的技术知识，容易关注技术所造成的负面问题而低估其正面价值。显然，从一般意义上来看，把"人文"这个概念用于非工程传统的技术认识论研究是不公平的，因为这就意味着工程传统的研究是"非人文"的，或者人文研究中不包含工程技术。人文传统虽然使用了"人文"一词，但其理论过于思辨，基础过于狭窄，将自己封闭在浪漫的主体性之中，远离了人的工程技术方面。工程传统着眼于工程技术自身，往往忽视了工程技术中的人文因素和社会因素，对现代工程技术所造成的一系列后果或者视而不见，或者认为技术的发展会自动消除这些后果，对工程技术自身有着某种盲目的相信。

从理论上分析，技术认识论的人文传统与工程传统是分立的。实际上，二者之间的分立并不是绝对的，因为人文学者开始熟悉工程技术的细节和原理，对工程技术的反思也越来越细致和深入；工程技术专家也逐渐认可和接受人文学者的诉求，并把它们融入工程技术实践中。

当前国际技术哲学界发现"经验转向"之后技术哲学有丢掉批判的、超越论的传统而失去技术哲学的社会价值的趋势，把规范性的分析变成了描述性研究，所以在世纪之交，技术哲学发生了"伦理转向"。此次伦理转向不是对抽象的技术进行猛烈的批判，而是"关注具体的技术对人类生活的伦理后果"，但是"伦理转向"又有放弃"经验转向"所取得的成果的倾向。究竟如何把"经验转向"的描述性研究与"伦理转向"的规范性研究结合起来，费贝克提出了"第三种转向"。为了实现"第三种转向"，描述性研究和规范性研究都需要进一步地深化，描述性研究需要重视技术的伦理和政治意义，规范性的研究除了要"分析"技术伦理以外，而且需要"做"技术伦理。[①] 为此，费贝克提出了"道德物化"这一概念，即技术处于设计阶段的时候，就要考虑到如何使它发挥良好的伦理引导作用。布瑞也认为，当下我们的研究要注意以下四点：（1）研究伦理如何嵌入技术产品和过程中去，以及它们如何在行动中体现的；（2）建立一个技术作为伦理中介的理论；（3）发展出一套技术评估的理论和方法，通过它我们能够对新技术的伦理后果进行研究和评估；（4）建立起伦理分析的方法，能够正确地指导在引进新技术时涉及的相关利益方的社会和政治讨论。[②]

从马克思主义理论出发，生产工具是生产力中最活跃的因素，技术的进步促进生产力的发展，进而推动经济社会的发展；社会生产关系的变革又会促进生产技术的变革。从生产力的角度探究技

---

① 张卫、朱勤、王前：《从 Techné 特刊看现代西方技术哲学的转向》，《自然辩证法研究》2011 年第 27（3）期，第 36—40 页。

② Philip Brey. *Philosophy of Technology after the Empirical Turn*. Techné，2010.14（1）.

术，也就是从人与自然之间关系的角度来考察技术，这一方向实质上就是工程主义的研究方式；从生产关系，也就是人与人之间的关系角度考察技术，实质上就是人文主义的研究方式。可见，技术认识论研究对于弥合工程传统与人文传统的争论，构建技术哲学的理论基础方面具有重要的意义。

6.3.2　拓展认识论的视域

西方哲学中认识论所研究的"知识"都只是"命题知识"，然而"知识"却并不只有命题知识。一般来说，知识可以区分为四类①：（1）事实知识；（2）状语知识；（3）相识知识；（4）实践知识。命题知识的关注重点并不是一个活动或者行为。知道的事实并不是某人要做的某事，它不是一个过程而是这个过程的结果。

认识的发展是一个实践过程。杜威认为，认识首先是人类适应环境的行为，其过程更多的是"探索"，而非纯粹的思维，与环境相互作用过程中形成的经验才是认识的基础，"经验变成首先在于做的事情。……有机体是按照它自己的简单或复杂的构造对环境发挥作用的。其结果，环境中所造成的变化又反过来对有机体及其活动起反作用。生物受着自己的行为后果的影响。行动和遭遇之间的这种密切联系，就形成了我们所谓经验。没有联系的动作和没有联系的遭遇都不成其为经验。"② 所以，在杜威看来，认识是一个过程，不仅是人类适应环境的过程，也是有指导控制的操作过程，知识就是这个探究过程的结果。"知识的对象是事后形成的，它是实验操作所产生的结果，而不是在认知以前就充足存在的东西；在实验操作的过程中，感觉因素与理性因素没有地位上的高低，它们在

---

① Nicholas Rescher, *Epistemology*：*An Introduction to the Theory of Knowledge*，Albany：State University of New York Press，2003. pp. xiv – xv.

② 杜威：《哲学的改造》，商务印书馆 1989 年版，第 46 页。

互相联系与协作中，构成了知识。"① 所以认识的任务深深地包含着实践的努力，而不论它的结果上负载着多么纯粹的理论兴趣。因此，实践对知识来说是必不可少的，实践过程也是获得知识的必要方式，这一研究倾向为技术认识论的研究提供了广阔的舞台。

---

① 邹铁军:《杜威认识论述评》,《吉林大学社会科学学报》1983 年第 5 期,第 36—43 页。

参考文献

［1］陈凡、王桂山：《从认识论看科学理性与技术理性的划界》，《哲学研究》2006 年第 3 期，第 94—100 页。

［2］马里奥·邦格：《作为应用科学的技术》，转引自邹珊刚主编，《技术与技术哲学》，北京：知识出版社 1987 年版，第 49—50 页。

［3］卡尔·米切姆：《通过技术思考》，沈阳：辽宁人民出版社 2008 年版，第 80 页。

［4］卡尔·米切姆：《通过技术思考》，沈阳：辽宁人民出版社 2008 年版，第 81 页。

［5］卡尔·米切姆：《通过技术思考》，沈阳：辽宁人民出版社 2008 年版，第 181—182 页。

［6］Peter Kroes. "*Introduction*", *The empirical turn in the philosophy of technology*. Netherlands：Elsevier Science Ltd, 2000. xx - xxvii, xxiv.

［7］洛克：《人类理解论》，北京：商务印书馆 1983 年版，第 68—69 页。

［8］胡塞尔：《经验与判断——逻辑谱系学研究》，北京：三联书店 1999 年版，第 42 页。

［9］Arnold Pacey. *Meaning in Technology*. Cambridge. MA：MIT Press, 1999. 6—9.

［10］D. W. 海姆伦：《西方认识论简史》，北京：中国人民大

学出版社 1987 年版，第 1 页。

[11] 北京大学哲学系外国哲学史教研室编译：《西方哲学原著选读》（上卷），北京：商务印书馆 1981 年版，第 56—57 页。

[12] Paul K. Moser. *The Oxford Handbook of Epistemology*. Oxford：Oxford University Press，2002.4.

[13] 雷红霞：《西方哲学中知识与信念关系探析》，《哲学研究》2004 年第 1 期，第 49—52 页。

[14] 斯宾诺莎：《伦理学》，北京：商务印书馆 1997 年版，第 82 页。

188

[15] 莱布尼茨：《人类理智新论》（上卷），北京：商务印书馆 1982 年版，第 36 页。

[16] 洛克：《人类理解论》（上卷），北京：商务印书馆 1983 年版，第 515 页。

[17] 洛克：《人类理解论》（上卷），北京：商务印书馆 1983 年版，第 520—521 页。

[18] 洛克：《人类理解论》（上卷），北京：商务印书馆 1983 年版，第 286 页。

[19] D. W. 海姆伦：《西方认识论简史》，北京：中国人民大学出版社 1987 年版，第 54—55 页。

[20] 休谟：《人性论》（上册），北京：商务印书馆 1996 年版，第 101 页。

[21] 康德：《纯粹理性批判》，北京：人民出版社 2004 年版，第 218 页。

[22] 夏基松：《现代西方哲学教程新编》，北京：高等教育出版社 2003 年版，第 1 页。

[23] 洪谦：《西方现代资产阶级哲学论著选辑》，北京：商务印书馆 1993 年版，第 268 页。

[24] 海德格尔：《存在与时间》，转引自夏基松，《现代西方哲学教程新编》，北京：高等教育出版社 1998 年版，第 591—

592 页。

［25］伽达默尔：《真理与方法》（下卷），上海：上海译文出版社 1999 年版，第 566 页。

［26］范·弗拉森：《科学的形象》，上海：上海译文出版社 2005 年版，第 254 页。

［27］涂纪亮：《实用主义认识论观点的演变》，《哲学研究》2006 年第 1 期，第 53—58 页。

［28］Edmund L. Cettier. *Is True Justified Belief Knowledge？*. Analysis，1963，（23）：121—123.

［29］陈真：《盖梯尔问题的来龙去脉》，《哲学研究》2005 年第 11 期，第 41—48 页。

［30］郝苑：《理智德性与认知视角》，《自然辩证法研究》2011 年第 27（4）期，第 20—24 页。

［31］Nicholas Rescher. *Epistemology：An Introduction to the Theory of Knowledge*. Albany：State University of New York Press，2003. xiv－xv.

［32］杜威：《哲学的改造》，北京：商务印书馆 1989 年版，第 46 页。

［33］邹铁军：《杜威认识论述评》，《吉林大学社会科学学报》1983 年第 5 期，第 36—43 页。

［34］张一兵：《科学、个人知识与意会认知——波兰尼哲学评述》，转引自波兰尼《科学、信仰与价值》，南京：南京大学出版社 2004 年版，第 6 页。

［35］Frederick Ferre. *Philosophy and Technology after Twenty Years*. Techné，1995，1（1—2）.

［36］马里奥·邦格：《作为应用科学的技术》，转引自邹珊刚主编，《技术与技术哲学》，北京：知识出版社 1987 年版，第 51 页。

［37］Davis Baird. *Encapsulating Knowledge：The Direct Reading*

Spectrometer. Techné，1998，3（3）.

［38］Davis Baird. *Thing Knowledge – Function and Truth*. Techné，2002，6（2）.

［39］Davis Baird. *Scientific Instrument Making，Epistemology，and The Conflict Between Gift and Commodity Economies* . Techné，1997，2（3—4）.

［40］Joseph C. Pitt. *Thinking about Technology*：*Foundations of the Philosophy of Technology*. New York：Seven Bridges Press，2000. 11.

190

［41］Joseph C. Pitt. *Thinking about Technology*：*Foundations of the Philosophy of Technology*. New York：Seven Bridges Press，2000. 13.

［42］Peter Kroes. *Technological Explanations*：*The Relation Between Structure and Function of Technological Objects* . Techné，1998，3（3）.

［43］Peter Kroes，Anthonie Meijers. *The Dual Nature of Technical Artifacts – presentation of a new research program*. Techné，2002，6（2）.

［44］马会端、陈凡：《试论技术客体的二元性》，《东北大学学报》（社会科学版）2003 年第 5（2）期，第 82—84 页。

［45］陈凡、陈佳：《中国当代技术哲学的回顾与展望》，《自然辩证法研究》2009 年第 25（10）期，第 56—62 页。

［46］陈昌曙：《技术哲学引论》，北京：科学出版社 1999 年版，第 158 页。

［47］陈凡、王桂山：《从认识论看科学理性与技术理性的划界》，《哲学研究》2006 年第 3 期，第 94—100 页。

［48］陈其荣：《科学与技术认识论、方法论的当代比较》，《上海大学学报》（社会科学版）2007 年第 14（6）期，第 5—13 页。

［49］张华夏、张志林：《从科学与技术的划界来看技术哲学的研究纲领》，《自然辩证法研究》2001 年第 17 （2）期，第 31—36 页。

［50］李醒民：《科学和技术异同论》，《自然辩证法通讯》2007 年第 29 （1）期，第 1—9 页。

［51］张斌：《技术知识论》，北京：中国人民大学出版社 1994 年版，第 24 页。

［52］潘天群：《技术知识论》，《科学技术与辩证法》1999 年第 16 （6）期，第 32—36 页。

［53］王大洲：《论技术知识的难言性》，《科学技术与辩证法》2001 年第 18 （1）期，第 42—45 页。

［54］高亮华：《论技术知识及其特点》2011 年 9 月 10 日 ［2012 - 04 - 10］，北京社科规划网（http：//www. bjpopss. gov. cn/bjpssweb/n28204c58. aspx）。

［55］陈文化、刘华容：《技术认识论：技术哲学的重要研究领域》，刘则渊、王续琨编，《工程·技术·哲学》，大连：大连理工大学出版社 2002 年版，第 117 页。

［56］王前：《技术产生与发展过程认知特点》，《自然辩证法研究》2003 年第 19 （2）期，第 92—93 页。

［57］肖峰：《技术认识过程的社会建构》，《自然辩证法研究》2003 年第 19 （2）期，第 90—92 页。

［58］陈文化等：《关于技术哲学研究的再思考》，《哲学研究》2001 年第 8 期，第 60—66 页。

［59］陈文化等：《技术哲学研究的"认识论转向"》，《自然辩证法研究》2003 年第 19 （2）期，第 87 页。

［60］王大洲等：《走向技术认识论研究》，《自然辩证法研究》2003 年第 19 （2）期，第 87—90 页。

［61］刘则渊、王飞：《中国技术论研究二十年（1982—2002）》，刘则渊、王续琨编：《工程·技术·哲学——2002 年技术

哲学研究年鉴》，大连：大连理工大学出版社 2002 年版，第 90—100 页。

［62］陈真君：《技术认识论研究》，《新学术》2008 年第 4 期，第 238—242 页。

［63］D. Allchin. *Thinking about Technology and the Technology of "Thinking about"*. Techné，2000，5（2）.

［64］陈其荣：《当代科学技术哲学导论》，上海：复旦大学出版社 2006 年版，第 388 页。

192

［65］拉普：《技术哲学导论》，沈阳：辽宁科学技术出版社 1986 年版，第 3 页。

［66］马尔库塞：《单向度的人》，上海：上海译文出版社 1989 年版，第 7 页。

［67］马尔库塞：《单向度的人》，上海：上海译文出版社 1989 年版，第 26 页。

［68］Habermas. *Knowledge and human interests*. London：Heine-mann，1972. 191.

［69］哈贝马斯：《现代性的哲学话语》，南京：译林出版社 2004 年版，第 362 页。

［70］Andrew Feenberg. *Transforming Technology*. Second edition of Critical Theory of Technology. Oxford： Oxford University Press，2002. 49.

［71］Andrew Feenberg. *Transforming Technology*. Second edition of Critical Theory of Technology. Oxford： Oxford University Press，2002. 14.

［72］梅其君：《埃吕尔与温纳的技术本质观之比较》，《自然辩证法研究》2006 年第 22（8）期，第 43—46 页。

［73］Langdon Winner. *Autonomous Technology：Technics – out – of – Control as a Theme in Political Thought*. Cambridge：The MIT Press，1977. 36.

〔74〕Langdon Winner. *Autonomous Technology*：*Technics - out - of - Control as a Theme in Political Thought.* Cambridge：The MIT Press，1977. 9.

〔75〕Langdon Winner. *The Whale and The Reactor.* Chicago：University of Chicago Press，1986. 10.

〔76〕费雷：《走向后现代科学与技术》，见格里芬编，《后现代精神》，北京：中央编译出版社 2005 年版，第 200 页。

〔77〕卡尔·米切姆：《技术的类型》，见邹珊刚主编，《技术与技术哲学》，北京：知识出版社 1987 年版，第 248 页。

〔78〕卡尔·米切姆：《通过技术思考》，沈阳：辽宁人民出版社 2008 年版，第 1 页。

〔79〕Carl Mitcham. *Thinking Through Technology*：*The Path between Engineering and Philosophy.* Chicago：The University of Chicago Press，1994. 160.

〔80〕卡尔·米切姆：《通过技术思考》，沈阳：辽宁人民出版社 2008 年版，第 245 页。

〔81〕卡尔·米切姆：《通过技术思考》，沈阳：辽宁人民出版社 2008 年版，第 283 页。

〔82〕卡尔·米切姆：《通过技术思考》，沈阳：辽宁人民出版社 2008 年版，第 367 页。

〔83〕卡尔·米切姆：《通过技术思考》，沈阳：辽宁人民出版社 2008 年版，第 367 页。

〔84〕卡尔·米切姆：《通过技术思考》，沈阳：辽宁人民出版社 2008 年版，第 366 页。

〔85〕舒红跃：《面向技术事实本身》，《自然辩证法研究》2006 年第 1 期，第 57—61 页。

〔86〕Albert Borgmann. *Holding On to Reality*：*The Nature of Information at the Turn of the Millennium.* Chicago：University of Chicago Press，1999. 3.

［87］ Albert Borgmann. *Holding On to Reality*：*The Nature of Information at the Turn of the Millennium*. Chicago：University of Chicago Press，1999. 213.

［88］ 杨庆峰：《物质身体、文化身体与技术身体》，《上海大学学报》（社会科学版），2007 年第 14（1）期，第 12—17 页。

［89］ Don Ihde. *Technology and the Life world*：*from Garden to Earth*. Indiana University Press，1990. 29.

［90］ Don Ihde. *Bodies in Technology*. Minneapolis：University of Minnesota Press，2002. 81.

194

［91］ Don Ihde. *Technics and Praxis*：*A Philosophy of Technology*. Dordrecht：Reidel Publishing Company，1979. 35.

［92］ Don Ihde. *Bodies in Technology*. Minneapolis：University of Minnesota Press，2002. 81.

［93］ Joseph C. Pitt，eds. *New Directions in the Philosophy of Technology*. Netherlands：Kluwei Academic Publishers，1995. vii.

［94］ Bijker，Law. *Shaping Technology/Building Society*，*Studies in Sociotechnical Change*. MA：MIT Press，1992. 4.

［95］ Ernest. P. *Social Constructivism as a Philosophy of Mathematics*. Albany：State University of New York Press，1998. 1.

［96］ 刘鹏、蔡仲：《从“认识论的鸡”之争看社会建构主义研究进路的分野》，《自然辩证法通讯》2007 年第 29（4）期，第 44—48 页。

［97］ 皮亚杰：《发生认识论原理》，北京：商务印书馆 1981 年版，第 17 页。

［98］ 爱因斯坦：《物理学的进化》，上海：上海科学技术出版社 1962 年版，第 66 页。

［99］ 让—伊夫·戈菲：《技术哲学》，北京：商务印书馆 2000 年版，第 33 页。

［100］ 亚里士多德：《尼可马科伦理学》，北京：商务印书馆

2003 年版，第 171 页。

［101］陈凡、张明国：《解析技术》，福州：福建人民出版社 2002 年版，第 2 页。

［102］Friedrich Rapp. *Analytical Philosophy of Technology*. Dordrecht：D. Reidel Publishing Company，1981. 32—33.

［103］卡尔·米切姆：《通过技术思考》，沈阳：辽宁人民出版社 2008 年版，第 216—217 页。

［104］卡尔·米切姆：《通过技术思考》，沈阳：辽宁人民出版社 2008 年版，第 218 页。

［105］Carl Mitcham. *Thinking Through Technology：The Path between Engineering and Philosophy*. Chicago：The University of Chicago Press，1994. 197.

［106］Carl Mitcham. *Thinking Through Technology：The Path between Engineering and Philosophy*. Chicago：The University of Chicago Press，1994. 193.

［107］马里奥·邦格：《作为应用科学的技术》，见邹珊刚主编，《技术与技术哲学》，北京：知识出版社 1987 年版，第 49—50 页。

［108］Carl Mitcham. *Thinking Through Technology：The Path between Engineering and Philosophy*. Chicago：The University of Chicago Press，1994. 194.

［109］卡尔·米切姆：《技术的类型》，转引自邹珊刚，《技术与技术哲学》，北京：知识出版社 1987 年版，第 280 页。

［110］Carl Mitcham. *Thinking Through Technology：The Path between Engineering and Philosophy*. Chicago：The University of Chicago Press，1994. 209.

［111］亚里士多德：《物理学》，北京：商务印书馆 1982 年版，第 43—44 页。

［112］卡尔·米切姆：《通过技术思考》，沈阳：辽宁人民出

版社 2008 年版,第 300 页。

[113] 陈多闻、陈凡:《技术使用的 STS 反思》,《自然辩证法研究》2009 年第 25(1)期,第 42—46 页。

[114]《苏联百科词典》,转引自姜振寰:《技术、技术思想与技术观概念浅析》,《哈尔滨工业大学学报》(社会科学版)2002年第 4(4)期,第 4—7 页。

[115] 钱学成、乔宽元:《技术学手册》,上海:上海科学技术文献出版社 1994 年版,第 119 页。

[116] 张华夏、张志林:《关于技术和技术哲学的对话——也与陈昌曙,远德玉教授商谈》,《自然辩证法研究》2002 年第 18(1)期,第 49—52 页。

[117] 姜振寰:《技术、技术思想与技术观概念浅析》,《哈尔滨工业大学学报》(社会科学版)2002 年第 4(4)期,第 4—7 页。

[118] 黄顺基、刘大椿:《科学技术哲学的前沿与进展》,北京:人民出版社 1991 年版,第 291—292 页。

[119] 张刚、郭斌:《技术、技术资源与技术能力》,《自然辩证法通讯》1997 年第 19(5)期,第 37—43 页。

[120] 尹尊声、姜彦福:《技术管理:开发和贸易》,上海:上海人民出版社 1995 年版,第 4 页。

[121] 钱学敏:《科技革命与社会革命——学习钱学森有关思想的心得》,《哲学研究》1993 年第 12 期,第 20—28、42 页。

[122] 禹智潭、陈文化:《技术:实践性的知识体系》,《科学技术与辩证法》1998 年第 15(6)期,第 33—35、60 页。

[123] 黄顺基、刘大椿:《科学技术哲学的前沿与进展》,北京:人民出版社 1991 年版,第 292 页。

[124] 陈文化、李立生:《试析马克思的技术观》,《求实》2001 年第 6 期,第 10—14 页。

[125] 刘奔:《从唯物史观看科学和技术——关于探讨科学和

技术问题的方法论》，《哲学研究》1998 年第 6 期，第 3—8 页。

［126］《中国历代名士：宋应星》（2011 - 09 - 10）［2012 - 04 - 10］. http：//www. tqxz. com/zgmr_ readme. asp？id = 171.

［127］黄天授、黄顺基、刘大椿：《现代科学技术导论》，北京：中国人民大学出版社 1995 年版，第 160 页。

［128］丁云龙：《产业技术是什么》，《科学技术与辩证法》2002 年第 19（4）期，第 35—39 页。

［129］钱时惕：《当代科技革命的特点及发展趋势》，《哲学研究》1998 年第 6 期，第 3—9 页。

［130］Carl Mitcham. *Thinking Through Technology：The Path between Engineering and Philosophy* . Chicago：The University of Chicago Press，1994. 160.

［131］陈凡、张明国：《解析技术》，福州：福建人民出版社 2002 年版，第 4 页。

［132］卢梭：《论科学与艺术》，北京：商务印书馆 1963 年版，第 11 页。

［133］卢梭：《论科学与艺术》，北京：商务印书馆 1963 年版，第 21 页。

［134］卡尔·米切姆：《通过技术思考》，沈阳：辽宁人民出版社 2008 年版，第 56 页。

［135］卡尔·米切姆：《通过技术思考》，沈阳：辽宁人民出版社 2008 年版，第 65—66 页。

［136］Heidegger. *The Question Concerning Technology and Other Essays*. New York & London：Garland Publishing，INC，1977. 20.

［137］Heidegger. *The Question Concerning Technology and Other Essays*. New York & London：Garland Publishing，INC，1977. 24.

［138］卡尔·米切姆：《通过技术思考》，沈阳：辽宁人民出版社 2008 年版，第 69 页。

［139］卡尔·米切姆：《通过技术思考》，沈阳：辽宁人民出

版社 2008 年版，第 70 页。

[140] Jacques Ellul. *The Technological System*. New York：Continuum，1980. 125.

[141] Jacques Ellul. *The Technological System*. New York：Continuum，1980. 220.

[142] Jacques Ellul. *The Technological System*. New York：Continuum，1980. 209.

[143] 卡尔·米切姆：《通过技术思考》，沈阳：辽宁人民出版社 2008 年版，第 75 页。

[144] 卡尔·米切姆：《通过技术思考》，沈阳：辽宁人民出版社 2008 年版，第 25 页。

[145] 卡普：《技术哲学纲要》，转引自卡尔·米切姆，《通过技术思考》，沈阳：辽宁人民出版社 2008 年版，第 31 页。

[146]《亚里士多德全集》（第 4 卷），北京：中国人民大学出版社 1994 年版，第 131 页。

[147]《亚里士多德全集》（第 4 卷），北京：中国人民大学出版社 1994 年版，第 132 页。

[148] Eric McLuhan，Frank Zingrone . *Essential McLuhan* . London：Routledge 11 New Fetter Lane Press，1997. 374.

[149] 卡尔·米切姆：《通过技术思考》，沈阳：辽宁人民出版社 2008 年版，第 42 页。

[150] 转引自卡尔·米切姆：《通过技术思考》，沈阳：辽宁人民出版社 2008 年版，第 88 页。

[151] 张卫、朱勤、王前：《从 Techné 特刊看现代西方技术哲学的转向》，《自然辩证法研究》2011 年第 27（3）期，第 36—40 页。

[152] Philip Brey. *Philosophy of Technology after the Empirical-Turn*. Techné，2010，14（1）.

[153] 刘则渊：《马克思和卡普：工程学传统的技术哲学比

198

较》，《哲学研究》2002 年第 2 期，第 21—27 页。

[154] 拉普：《技术哲学导论》，沈阳：辽宁科学技术出版社
1986 年版，第 20 页。

[155] 卡尔·米切姆：《技术的类型》，载邹珊刚主编：《技术
与技术哲学》，北京：知识出版社 1987 年版，第 247 页。

[156] 卡尔·米切姆：《通过技术思考》，沈阳：辽宁人民出
版社 2008 年版，第 213 页。

[157] 陈凡、张明国：《解析技术》，福州：福建人民出版社
2002 年版，第 4 页。

[158] 李伯聪：《工程智慧和战争隐喻》，《哲学动态》2008
年第 12 期，第 61—66 页。

[159] 约瑟夫·皮特：《技术思考：技术哲学的基础》，沈阳：
辽宁人民出版社 2008 年版，第 8 页。

[160] 徐国财：《纳米科技导论》，北京：高等教育出版社
2005 年版，第 6 页。

[161] 刘吉平、郝向阳：《纳米科学与技术》，北京：科学出
版社 2002 年版，第 1 页。

[162] 冯·卡门语，转引自布希亚瑞利：《工程哲学》，沈阳：
辽宁人民出版社 2008 年版，第 1 页。

[163] 陈凡、王桂山：《从认识论看科学理性与技术理性的划
界》，《哲学研究》2006 年第 3 期，第 94—100 页。

[164] 波普尔：《客观知识》，上海：上海译文出版社 1987 年
版，第 127 页。

[165] 卡尔·米切姆：《通过技术思考》，沈阳：辽宁人民出
版社 2008 年版，第 73 页。

[166] 张华夏、张志林：《从科学与技术的划界来看技术哲学
的研究纲领》，《自然辩证法研究》2001 年第 17（2）期，第 31—
36 页。

[167] 马里奥·邦格：《作为应用科学的技术》，载邹珊刚主

编，《技术与技术哲学》，北京：知识出版社 1987 年版，第 51 页。

[168] 陈凡、王桂山：《从认识论看科学理性与技术理性的划界》，《哲学研究》2006 年第 3 期，第 94—100 页。

[169] 卡尔·米切姆：《通过技术思考》，沈阳：辽宁人民出版社 2008 年版，第 42 页。

[170] 卡尔·米切姆：《通过技术思考》，沈阳：辽宁人民出版社 2008 年版，第 283 页。

[171] 马里奥·邦格：《作为应用科学的技术》，见邹珊刚主编，《技术与技术哲学》，北京：知识出版社 1987 年版，第 49—50 页。

[172] 卡尔·米切姆：《通过技术思考》，沈阳：辽宁人民出版社 2008 年版，第 273 页。

[173] 波兰尼：《个人知识》，贵阳：贵州人民出版社 2000 年版，第 90 页。

[174] 张华夏、张志林：《技术解释研究》，北京：科学出版社 2005 年版，第 40 页。

[175] 张成岗：《现代技术问题：从边缘到中心》，《科学技术与辩证法》2003 年第 20（6）期，第 37—40 页。

[176] 王伯鲁：《技术困境及其超越问题探析》，《自然辩证法研究》2010 年第 26（2）期，第 35—40 页。

[177] 许为民等：《技性科学观：科学技术政策分析的新视角》，《自然辩证法通讯》2009 年第 31（3）期，第 95—98 页。

[178] 康德：《未来形而上学导论》，北京：商务印书馆 1982 年版，第 18 页。

[179] 陈昌曙：《技术哲学引论》，北京：科学出版社 1999 年版，第 172 页。

[180] 康德：《纯粹理性批判》，北京：商务印书馆 1997 年版，第 29 页。

[181] 埃莉诺·吉布森：《知觉学习理论和发展的原理：序

言》，杭州：浙江教育出版社2003年版，第8页。

［182］贝斯特：《认知心理学》，北京：中国轻工业出版社2000年版，第36页。

［183］乔治·巴萨拉：《技术发展简史》，上海：复旦大学出版社2000年版，第102页。

［184］乔治·巴萨拉：《技术发展简史》，上海：复旦大学出版社2000年版，第101—106页。

［185］乔治·巴萨拉：《技术发展简史》，上海：复旦大学出版社2000年版，第43页。

201

［186］陈昌曙：《技术哲学引论》，北京：科学出版社1999年版，第172页。

［187］马克思：《资本论》（第1卷），北京：人民出版社1975年版，第202页。

［188］乔治·巴萨拉：《技术发展简史》，上海：复旦大学出版社2000年版，第198—201页。

［189］查尔斯·辛格等编：《技术史》（第5卷），上海：上海科学教育出版社2004年版，第122页。

［190］查尔斯·辛格等编：《技术史》（第5卷），上海：上海科学教育出版社2004年版，第122页。

［191］乔治·巴萨拉：《技术发展简史》，上海：复旦大学出版社2000年版，第44—45页。

［192］查尔斯·辛格等编：《技术史》（第5卷），上海：上海科学教育出版社2004年版，第122—138页。

［193］恩格斯：《反杜林论》，转引自《马恩选集》（第3卷），北京：人民出版社1995年版，第426页。

［194］侯悦民等：《设计的科学属性及核心》，《科学技术与辩证法》2007年第24（3）期，第23—28页。

［195］J. Christopher Jones. *Design Methods*. New York：John Wiley & Sons，1980.4.

［196］曹耀明：《设计美学概论》，杭州：浙江大学出版社 2004 年版，第 3 页。

［197］Peter Kroes. *Technical functions as dispositions：A critical assessment.* Techné, 2001, 5 (3)：1—16.

［198］Walter V. *What Engineers Know and How They Know It .* Balltimore and London：The Johns Hopkins Press, 1990.45.

［199］张华夏，张志林：《技术解释研究》，北京：科学出版社 2005 年版，第 29 页。

［200］Simon. H. A. *The Sciences of the Artificial.* MA：MIT Press, 1981.132—133.

［201］张秀武：《技术设计的哲学研究》，太原：山西大学科学技术哲学研究中心 2008 年版，第 12 页。

［202］陈昌曙：《技术哲学引论》，北京：科学出版社 1999 年版，第 143 页。

［203］傅世侠，罗玲玲：《科学创造方法论》，北京：中国经济出版社 2000 年版，第 285 页。

［204］丹尼尔·贝尔：《后工业社会的来临》，北京：商务印书馆 1986 年版，第 404 页。

［205］唐纳德·诺曼：《设计心理学》，北京：中信出版社 2003 年版，第 162 页。

［206］J. Christopher Jones. *Design Methods.* New York and Chichester：John Wiley & Sons, 1980.57—58.

［207］王伯鲁：《技术起源问题探幽》，《北京理工大学学报》（社会科学版）2000 年第 2 (3) 期，第 44—47 页。

［208］陈红兵等：《关于"技术是什么"的对话》，《自然辩证法研究》2001 年第 17 (4) 期，第 16—19 页。

［209］吕乃基：《论消费及其演化对技术发展的影响》，《自然辩证法研究》2003 年第 19 (4) 期，第 30—33 页。

［210］李伯聪：《技术三态论》，《自然辩证法通讯》1995 年

第 17（4）期，第 28 页。

［211］Carl Mitcham. *Thinking Through Technology*：*The Path between Engineering and Philosophy* . Chicago：The University of Chicago Press，1994. 197.

［212］卡尔·米切姆：《技术的类型》，转引自邹珊刚，《技术与技术哲学》，北京：知识出版社 1987 年版，第 280 页。

［213］Carl Mitcham. *Thinking Through Technology*：*The Path between Engineering and Philosophy*. Chicago：The University of Chicago Press，1994. 248.

［214］Carl Mitcham. *Thinking Through Technology*：*The Path between Engineering and Philosophy*. Chicago：The University of Chicago Press，1994. 209.

［215］安德鲁·芬伯格：《技术批判理论》，北京：北京大学出版社 2005 年版，第 53 页。

［216］陈凡、张明国：《解析技术》，福州：福建人民出版社 2002 年版，第 4 页。

［217］拉普：《技术哲学导论》，沈阳：辽宁科学技术出版社 1986 年版，第 22 页。

［218］陈凡、曹继东：《现象学视野中的技术——伊代技术现象学评析》，《自然辩证法研究》2004 年第 5 期，第 57 页。

［219］陈凡、张明国：《解析技术》，福州：福建人民出版社 2002 年版，第 22 页。

［220］J. D. 贝尔纳：《科学的社会功能》，北京：商务印书馆 1985 年版，第 58 页。

［221］陈凡、张明国：《解析技术》，福州：福建人民出版社 2002 年版，第 22 页。

［222］《马克思恩格斯选集》（第 1 卷），北京：人民出版社 1995 年版，第 277 页。

［223］陈凡、张明国：《解析技术》，福州：福建人民出版社

2002 年版，第 22 页。

［224］马克思：《在〈人民报〉创刊纪念会上的演说》，转引自《马克思恩格斯选集》（第 1 卷），北京：人民出版社 1995 年版，第 775 页。

［225］马里奥·邦格：《作为应用科学的技术》，转引自邹珊刚主编，《技术与技术哲学》，北京：知识出版社 1987 年版，第 48 页。

［226］马里奥·邦格：《作为应用科学的技术》，转引自邹珊刚主编，《技术与技术哲学》，北京：知识出版社 1987 年版，第 61 页。

［227］陈其荣：《当代科学技术哲学导论》，上海：复旦大学出版社 2006 年版，第 386—387 页。

［228］Walter V. *What Engineers Know and How They Know It.* Balltimore and London：The Johns Hopkins Press，1990. 4.

［229］陈昌曙：《技术哲学引论》，北京：科学出版社 1999 年版，第 160—168 页。

［230］李醒民：《科学和技术异同论》，《自然辩证法通讯》2007 年第 29（1）期，第 1—9 页。

［231］陈凡、王桂山：《从认识论看科学理性与技术理性的划界》，《哲学研究》2006 年第 3 期，第 94—100 页。

［232］Walter V. *What Engineers Know and How They Know It.* Balltimore and London：The Johns Hopkins Press，1990. 210.

［233］Nigel Cross. *Designerly Ways of Knowing.* UK：Springer – Verlag London Limited，2006. 1.

［234］Nigel Cross. *Designerly Ways of Knowing.* UK：Springer – Verlag London Limited，2006. 7.

［235］Nigel Cross. *Designerly Ways of Knowing.* UK：Springer – Verlag London Limited，2006. 19.

［236］Davis Baird. *Thing Knowledge – Function and Truth.*

Techné，2002，6（2）.

［237］Davis Baird. *Scientific Instrument Making*，*Epistemology*，*and The Conflict Between Gift and Commodity Economies.* Techné，1997，2（3—4）.

［238］M. Polanyi. *Study of Man*. Chicago：The University of Chicago Press，1958. 12.

［239］赫伯特·西蒙：《关于人为事物的科学》，北京：解放军出版社 1987 年版，第 130—131 页。

［240］李伯聪：《工程创新和工程人才》，《工程研究》（第 2 卷），北京：北京理工大学出版社 2006 年版，第 31 页。

［241］张华夏，张志林：《技术解释研究》，北京：科学出版社 2005 年版，第 53 页。

［242］许茨：《社会实在问题》，北京：华夏出版社 2001 年版，第 47 页。

［243］许茨：《社会实在问题》，北京：华夏出版社 2001 年版，第 15 页。

［244］王大洲：《论技术知识的难言性》，《科学技术与辩证法》2001 年第 18（1）期，第 42—45 页。

［245］M. Polanyi. *Study of Man*. Chicago：The University of Chicago Press，1958. 12.

［246］M. Polanyi. *Study of Man*. Chicago：The University of Chicago Press，1958. 22.

［247］M. Polanyi. *Study of Man*. Chicago：The University of Chicago Press，1958. 145.

［248］M. Polanyi. *Study of Man*. Chicago：The University of Chicago Press，1958. 144.

［249］陈凡、张明国：《解析技术》，福州：福建人民出版社 2002 年版，第 4 页。

［250］亚里士多德：《物理学》，北京：商务印书馆 1982 年

版，第 43 页。

［251］马克思：《资本论》（第 1 卷），北京：人民出版社 1975 年版，第 205 页。

［252］《马克思恩格斯全集》（第 23 卷），北京：人民出版社 1995 年版，第 202 页。

［253］钱时惕：《科技革命的历史、现状和未来》，广州：广东教育出版社 2007 年版，第 41 页。

［254］王前、金福：《中国技术思想史论》，北京：科学出版社 2004 年版，第 150 页。

206

［255］J. D. 贝尔纳：《科学的社会功能》，北京：商务印书馆 1985 年版，第 58 页。

［256］马克思：《机器、自然力和科学的应用》，北京：人民出版社 1978 年版，第 206—207 页。

［257］《列宁全集》（第 3 卷），北京：人民出版社 1992 年版，第 415 页。

［258］《马克思恩格斯全集》（第 23 卷），北京：人民出版社 1995 年版，第 460 页。

［259］《马克思恩格斯全集》（第 23 卷），北京：人民出版社 1995 年版，第 463 页。

［260］Peter Kroes. *Design Methodology and the Nature of Technical Artefacts* . Design Studies，2002，23（3）：287—302.

［261］J. D. 贝尔纳：《科学的社会功能》，北京：商务印书馆 1982 年版，第 64 页。

［262］《马克思恩格斯全集》（第 23 卷），北京：人民出版社 1995 年版，第 423 页。

［263］陈凡、张明国：《解析技术》，福州：福建人民出版社 2002 年版，第 26 页。

［264］Michael Quirk、Julian Serda：《半导体制造技术》，北京：电子工业出版社 2004 年版，第 220 页。

［265］Marc J. de Vries. *The Nature of Technological Knowledge*: *Extending Empirically Informed Studies into What Engineers Know* . Techné, 2003, 6（3）.

［266］欧益宏等:《大规模集成电路工艺中"鸟头"平坦化的研究》,《微电子学》2002 年第 32（3）期, 第 192—194 页。

［267］Anthonie Meijers. *The relational ontology of technical arti-facts*. Peter Kroes, Anthonie Meijers. *The Empirical Turn in the Philos-ophy of Technology*. Oxford: Elsevier Science, 2000. 81—96.

［268］夏征农:《辞海》, 上海: 上海辞书出版社 1999 年版, 第 1068 页。

207

［269］朱春艳、陈凡:《语境论与技术哲学发展的当代特征》,《科学技术哲学研究》2011 年第 28（2）期, 第 21—25 页。

［270］郭贵春:《语境的边界及其意义》,《哲学研究》2009 年第 2 期, 第 94—100 页。

［271］西積光正:《语境与语言研究》,《语境研究论文集》, 北京: 北京语言学院出版社 1992 年版, 第 27—44 页。

［272］朱春艳、陈凡:《语境论与技术哲学发展的当代特征》,《科学技术哲学研究》2011 年第 28（2）期, 第 21—25 页。

［273］张道一:《考工记注释》, 西安: 陕西人民美术出版社 2004 年版, 第 10 页。

［274］陈凡、张明国:《解析技术》, 福州: 福建人民出版社 2002 年版, 第 87 页。

［275］默顿:《十七世纪英国科学、技术与社会》, 北京: 商务印书馆 2000 年版, 第 193 页。

［276］奥格本:《社会变迁——关于文化和先天的本质》, 杭州: 浙江人民出版社 1989 年版, 第 60 页。

［277］车文博:《当代西方心理学新词典》, 长春: 吉林人民出版社 2001 年版, 第 298 页。

［278］车文博:《当代西方心理学新词典》, 长春: 吉林人民

出版社 2001 年版，第 271 页。

［279］车文博：《当代西方心理学新词典》，长春：吉林人民出版社 2001 年版，第 64 页。

［280］戴维·迈尔斯：《社会心理学》（第 8 版），北京：人民邮电出版社 2006 年版，第 97—98 页。

［281］郭贵春、李红：《自然主义的"再语境化"》，《自然辩证法研究》1997 年第 13（12）期，第 1—6 页。

［282］郭贵春：《论语境》，《哲学研究》1997 年第 4 期，第 46—52 页。

208

［283］朱春艳，陈凡：《语境论与技术哲学发展的当代特征》，《科学技术哲学研究》2011 年第 28（2）期，第 21—25 页。

［284］拉普：《技术哲学刚要》，转引自卡尔·米切姆，《技术哲学概论》，天津：天津科学技术出版社 1999 年版，第 39 页。

［285］朱春艳、陈凡：《语境论与技术哲学发展的当代特征》，《科学技术哲学研究》2011 年第 28（2）期，第 21—25 页。

［286］张道一：《考工记注释》，西安：陕西人民美术出版社 2004 年版，第 10 页。

［287］Peter Kroes. *Screwdriver philosophy：Searle's analysis of technical functions*. Techné，2003，6（3）.

［288］Friedrich Rapp. *Analytical philosophy of technology*. 转引自 Steen Hyldgaard Christensen，Bernard Delahousse，Martin Meganck. *Engineering in context*. Denmark：Academica，2009. 81.

［289］Don Ihde. *Bodies in Technology*. Minneapolis：University of Minnesota Press，2002. 81.

［290］Don Ihde. *Technology and the Lifeworld*. Bloomington and Indianapolis：Indiana University Press，1990. 69.

［291］Peter‐Paul Verbeek. *What things do*. Pennsylvania：Pennsylvania State University，2005. 217.

［292］库恩：《科学革命的结构》，北京：北京大学出版社

2003 年版，第 9 页。

［293］库恩：《科学革命的结构》，北京：北京大学出版社 2003 年版，第 21 页。

［294］库恩：《科学革命的结构》，北京：北京大学出版社 2003 年版，第 15 页。

［295］库恩：《科学革命的结构》，北京：北京大学出版社 2003 年版，第 6 页。

［296］库恩：《必要的张力》，北京：北京大学出版社 2004 年版，第 310 页。

［297］夏基松：《现代西方哲学教程新编》，北京：高等教育出版社 1998 年版，第 254 页。

［298］金吾伦：《试谈库恩的"不可通约性"论点》，《自然辩证法通讯》1992 年第 14（2）期，第 11—18 页。

［299］库恩：《对批评的答复》，引自伊雷姆·拉卡托斯，艾兰·马斯格雷夫，《批判与知识的增长》，北京：华夏出版社 1987 年版，第 360 页。

［300］王巍：《从语言的观点看相对主义——论"不可通约"的克服》，《自然辩证法通讯》2003 年第 25（3）期，第 42—49 页。

［301］王巍：《从语言的观点看相对主义——论"不可通约"的克服》，《自然辩证法通讯》2003 年第 25（3）期，第 42—49 页。

［302］Carl Mitcham. *Thinking Through Technology：The Path between Engineering and Philosophy*. Chicago：The University of Chicago Press，1994. 160.

［303］Krose. P. *Technical and contextual constraints in design：an essay on determinants of technological change*. Perrin. J and Vinck. D. *The role of design in the shaping of technology*. European Commission，1996. COST A4，Vol. 5.

［304］Peter Krose, Anthonie Meijers. *The dual nature of technical artifacts*. Studies in History and Philosophy of Science, 2006, （37）: 1—4.

［305］Krose, Ibo van de Poel. *Problematizing the Notion of Social Context of Technology*. 转引自 Steen Hyldgaard Christensen, Bernard Delahousse, Martin Meganck. *Engineering in context*. Denmark: Academica, 2009. 70.

［306］Carl Mitcham. *Notes Toward a Philosophy of META – Technology*. Techné, 1995, 1 （1—2）.

210

［307］卢梭:《论科学与艺术》,北京:商务印书馆 1963 年版,第 11 页。

［308］卢梭:《论科学与艺术》,北京:商务印书馆 1963 年版,第 21 页。

［309］Heidegger. *The Question Concerning Technology and Other Essays*. New York & London: Garland Publishing INC, 1977. 20.

［310］Heidegger. *The Question Concerning Technology and Other Essays*. New York & London: Garland Publishing INC, 1977. 24.

［311］拉普:《技术哲学导论》,沈阳:辽宁科学技术出版社 1986 年版,第 3 页。

［312］马尔库塞:《单向度的人》,上海:上海译文出版社 1989 年版,第 26 页。

［313］哈贝马斯:《现代性的哲学话语》,南京:译林出版社 2004 年版,第 362 页。

［314］Andrew Feenberg. *Transforming Technology*. Second Edition of Critical Theory of Technology. Oxford: Oxford University Press, 2002. 49.

［315］费雷:《走向后现代科学与技术》,见格里芬编,《后现代精神》,北京:中央编译出版社 2005 年版,第 200 页。

［316］卡尔·米切姆:《通过技术思考》,沈阳:辽宁人民出

版社 2008 年版，第 25 页。

［317］《亚里士多德全集》（第 4 卷），北京：中国人民大学出版社 1994 年版，第 131 页。

［318］马里奥·邦格：《作为应用科学的技术》，转引自邹珊刚主编，《技术与技术哲学》，北京：知识出版社 1987 年版，第 47 页。

［319］文森蒂：《工程师知道什么，以及他们是怎么知道的》，见张华夏、张志林，《技术解释研究》，北京：科学出版社 2005 年版，第 118—119 页。

［320］Davis Baird. *Encapsulating Knowledge：The Direct Reading Spectrometer*. Techné，1998，3（3）.

［321］Davis Baird. *Scientific Instrument Making，Epistemology，and The Conflict Between Gift and Commodity Economies*. Techné，1997，2（3—4）.

［322］Joseph C. Pitt. *Thinking about Technology：Foundations of the Philosophy of Technology*. New York：Seven Bridges Press，2000. 11.

［323］张华夏，张志林：《技术解释研究》，北京：科学出版社 2005 年版，第 119 页。

［324］Peter Kroes. *Technological Explanations：The Relation Between Structure and Function of Technological Objects*. Techné，1998，3（3）.

［325］马会端、陈凡：《试论技术客体的二元性》，《东北大学学报》（社会科学版）2003 年第 5（2）期，第 82—84 页。

［326］陈其荣：《当代科学技术哲学导论》，上海：复旦大学出版社 2006 年版，第 388 页。

［327］谢咏梅：《中国技术哲学的实践传统及经验转向的中国语境》，《自然辩证法研究》2010 年第 26（11）期，第 63—69 页。

［328］张斌：《技术知识论》，北京：中国人民大学出版社1994年版，第24页。

［329］潘天群：《技术知识论》，《科学技术与辩证法》1999年第16（6）期，第32—36页。

［330］王大洲：《论技术知识的难言性》，《科学技术与辩证法》2001年第18（1）期，第42—45页。

［331］高亮华：《论技术知识及其特点》2010年9月10日［2012－4－10］．北京社科规划网（http：//www. bjpopss. gov. cn/bjpssweb/n28204c58. aspx）。

212

［332］王前：《技术产生与发展过程认知特点》，《自然辩证法研究》2003年第19（2）期，第92—93页。

［333］肖峰：《技术认识过程的社会建构》，《自然辩证法研究》2003年第19（2）期，第90—92页。

［334］陈文化等：《关于技术哲学研究的再思考》，《哲学研究》2001年第8期，第60—66页。

［335］陈文化等：《技术哲学研究的"认识论转向"》，《自然辩证法研究》2003年第19（2）期，第87页。

［336］刘则渊、王飞：《中国技术论研究二十年（1982—2002)》，刘则渊、王续琨编：《工程·技术·哲学——2002年技术哲学研究年鉴》，大连：大连理工大学出版社2002年版，第90—100页。

［337］陈永红：《技术认识论探究》，上海：复旦大学哲学学院2007年版。

［338］拉普：《技术哲学导论》，沈阳：辽宁科学技术出版社1986年版，第20页。

［339］陈凡、张明国：《解析技术》，福州：福建人民出版社2002年版，第4页。

［340］约瑟夫·皮特：《技术思考：技术哲学的基础》，沈阳：辽宁人民出版社2008年版，第8页。

［341］张华夏、张志林：《技术解释研究》，北京：科学出版社 2005 年版，第 40 页。

［342］张成岗：《现代技术问题：从边缘到中心》，《科学技术与辩证法》2003 年第 20（6）期，第 37—40 页。

［343］王伯鲁：《技术困境及其超越问题探析》，《自然辩证法研究》2010 年第 26（2）期，第 35—40 页。

［344］Peter Kroes. *Technical Functions as Dispositions*：*A Critical Assessment*. Techné，2001，5（3）.

［345］拉普：《技术哲学导论》，沈阳：辽宁科学技术出版社 1986 年版，第 22 页。

［346］陈凡、曹继东：《现象学视野中的技术——伊代技术现象学评析》，《自然辩证法研究》2004 年第 5 期，第 57 页。

［347］陈凡、王桂山：《从认识论看科学理性与技术理性的划界》，《哲学研究》2006 年第 3 期，第 94—100 页。

［348］许茨：《社会实在问题》，北京：华夏出版社 2001 年版，第 15 页。

［349］M. Polanyi. *Study of Man*. Chicago：The University of Chicago Press，1958. 12.

［350］朱春艳、陈凡：《语境论与技术哲学发展的当代特征》，《科学技术哲学研究》2011 年第 28（2）期，21—25 页。

［351］张卫、朱勤、王前：《从 Techné 特刊看现代西方技术哲学的转向》，《自然辩证法研究》2011 年第 27（3）期，第 36—40 页。

［352］Philip Brey. *Philosophy of Technology after the Empirical-Turn*. Techné，2010 年第 14（1）期。

［353］Nicholas Rescher. *Epistemology*：*An Introduction to the Theory of Knowledge*. Albany：State University of New York Press，2003. xiv - xv.

［354］杜威：《哲学的改造》，北京：商务印书馆 1989 年版，

第 46 页。

［355］邹铁军：《杜威认识论述评》，《吉林大学社会科学学报》1983 年第 5 期，第 36—43 页。

致　谢

　　本书是在博士论文的基础上修改而成。技术认识论尚无成型的范式可遵循，研究工作才刚刚开始，有很大的发展空间。技术认识是技术认识论的核心概念，在少有可资借鉴的研究成果的情况下，建构性的研究无疑是极具挑战性的，充满了艰辛。好在有导师的悉心指导，老师们的点拨和同学们的讨论，使得这项研究有所收获。我深知认识论的研究对于技术哲学的重要意义，也感觉到自己有责任沿着这一研究方向继续努力。

　　感谢我的导师陈凡教授，是他引导我进入技术哲学这一领域。能入老师门下，我只能用幸运来描述。入门三年来，老师以他深厚的学术功底、严谨的治学态度和广阔的学术视野，在为人和为学方面都对学生产生了深刻的影响。入学开始，老师就告诫我，做学问不能心浮气躁，要从整个学科的角度选择研究课题。"技术认识的哲学探究"这一课题，也是在老师的悉心指导下，经过长时间的探讨和斟酌，才最终确定的。论文从选题、资料的准备、大纲的拟定、论文的写作和后续的修改，都是在老师具体、精当的指导下完成的。在我远离家乡和亲人的求学生涯中，老师和师母更是给了我家的温暖。在身犯恶疾的时候，正是在老师和师母的关怀下，我才得以迅速恢复，这些生活上的帮助尤其让我感动和铭记。

　　感谢我的副导师朱春艳教授，攻读博士学位之初，就得到了朱老师的细心指导。论文资料的收集、整体的布局、观点的凝练无不渗透着朱老师的心血。感谢罗玲玲、郑文范、秦书生、王键、陈红兵、包国光、马会端、董雪林、曹东溟、张秋成、李权时、吴俊杰、周立秋、杨山木、姜晓慧、赵亮诸位老师，感谢他们的不吝赐教和帮助，在与他们卓有成效的交流中，我的论文得到了提高。感谢李勇、陈多闻、蔡乾和、黄威威、陈佳、乔磊、彭坤、马娜、王以梁、刘晓宇、石峰、张瑞等同窗好友，有了他们的陪伴和砥砺，我的三年求学生涯才会丰富而充实。感谢参考文献中所列出的学界前辈和同仁，没有他们的努力，本成果的获得也是不可能的。

216

感谢我的亲人，在他们的支持和帮助下，我从一名农村的穷苦孩子成长为博士；感谢我的妻子，在论文写作和书稿修改的关键时期，扛起了孕育孩子的重任，她的勇敢与坚强给了我莫大的支持；随着儿子的降生和成长，他的天真、活泼和快乐也让我尝到了为人父的幸福与甜蜜。

程海东

2016 年 12 月 5 日于南湖